乔治的宇宙② 寻宝记

GEORGE'S COSMIC TREASURE HUNT

LUCY & STEPHEN HAWKING [英] 露西·霍金 [英] 史蒂芬·霍金 著 [英] 加里·帕森斯 绘 杜欣欣 译

湖南科学技术出版社
长沙

GEORGE'S COSMIC TREASURE HUNT
A DOUBLEDAY BOOK 978 0 385 61190 9
TRADE PAPERBACK 978 0 385 61382 8

Published in Great Britain by Doubleday,
an imprint of Random House Children's Books
A Random House Group Company

This edition published 2009

1 3 5 7 9 10 8 6 4 2

Mixed Sources
Product group from well-managed
forests and other controlled sources
www.fsc.org Cert no. TT-COC-2139
FSC © 1996 Forest Stewardship Council

Set in 13.5pt Stempel Garamond

RANDOM HOUSE CHILDREN'S BOOKS
61–63 Uxbridge Road, London W5 5SA

www. lucyandstephenhawking.com
www.rbooks.co.uk

Addresses for companies within The Random House Group Limited can be found at:
www.randomhouse.co.uk/offices.htm

THE RANDOM HOUSE GROUP Limited Reg. No. 954009

A CIP catalogue record for this book is available from the British Library.

Printed and bound in Great Britain by Clays Ltd, St Ives plc

GEORGE'S COSMIC TREASURE HUNT

Lucy & Stephen
HAWKING

Illustrated by Garry Parsons

DOUBLEDAY

译者序

　　这是霍金父女所著的"乔治的宇宙"系列中的第二部。我早已收到电子稿，但专心翻译却是在 2009 年 6 月初到剑桥看望霍金之后。

　　这本书主要是讲乔治和安妮，以及他们的新朋友艾米特在寻找宇宙中的天外生命——外星人的故事。安妮的父亲埃里克离开英国，去位于佛罗里达的全球空间部任职，邀请乔治去那里度暑假，而安妮却有小算盘，她要和乔治再次到太空探险。乔治到达之前几周，安妮与父母来到全球空间部，观看机器人"荷马"号在火星表面上着陆。它是为了找出火星是否一度存在过生命，并为下一步送人类到这颗地球最近的邻居提供帮助。"荷马"号载有埃里克参与研究的特别仪器。在飞行了 9 个月之后，"荷马"号登陆火星，但却不能向地球发回信号，安妮看到父亲为此烦恼，于是私自开启Cosmos。她收到了一个奇怪的示意图，怀疑是外星人利用"荷马"号送来的。解读其含义，她认为那信息是恶意的，似乎要毁灭地球，但埃里克认为那是"荷马"号受损后的故障。

　　为了解救地球，乔治和安妮决定跟踪线索。于是在观看一次发送航天飞机时，他们躲开大人，在 9 岁的电脑天才艾米特的帮助下，借助 Cosmos 到达了火星北极地区并和"荷马"号会合，却在火星上遭遇了风暴。根据"荷马"号提供的线索，Cosmos 将他们救出，并送到土卫六。他们在土卫六上再次发现了线索，Cosmos 据此又将他们送到半人马座阿尔法星的一颗行星上。埃里克发现之后，赶来救援。他们一起去了巨蟹 55A 的第五颗行星的卫星，在那里遇到雷帕博士。埃里克与雷帕这两位曾为朋友和同事，但因误会而成仇敌。在第一部《乔治的宇宙 秘密钥匙》中，雷帕曾企图杀害埃里克。经过在这颗远离地球的行星上面谈，他们之间误会消解，仇恨泯灭。在氧气即将耗尽之前，共同返回地球。这一幕犹如冷战时，美国和苏联两国敌对，但他们的宇航员却在空间站握手。

宇宙浩渺无限，生命是宇宙之子。人类不仅需探索宇宙的起始，也要寻找地球外的生命。我们这么幸运地生活在自己的家园地球之上。可惜人们的愚蠢和贪婪正在将地球的环境摧毁至不可逆转的境地，因此，人们希望在宇宙中寻找另一个可居住区以逃离地球。即便人类是理性的环保的生物，但如果茫茫宇宙中只有地球可适合居住，那人类真是太孤单了。我们努力寻找和理解天外生命，以在更大的范围内掌握人类未来的命运。

他们寻找的并非世俗意义上的宝贝，而是天外生命。生命有好几个层次，具有自我借鉴能力的，有大象、海豚和类人猿，当然还有人类，而且人类总自以为是地把自身置于最高层次。人类总是在追求精神层面的高度，即真善美，那么，还有更高层面的生命吗？他们是我们贫弱的智力能理解的吗？在本书中，乔治他们并未找到宝贝——天外生命。但作者对宝贝的寓意却是对宇宙和其中的一切的科学理解。

　　书中的孩子们未受到世俗的影响，他们天真无邪。今天在地球上是否还有一个角落，让孩子从第一天接触到社会起就不受影响呢？也许这已成为奢望。就科学而言，培养孩子并非使他们变成百科全书，而是让他们保持敏锐的好奇心。

　　这本书还包括许多关于宇宙、太空航行、生命起源等新的信息，其中的《宇宙用户指南》是由作者及其一些朋友撰写的，他们都是当代顶级的学者。全球空间部的许多细节也只有亲历者才能描述出来，一般科普作者恐难企及。所有这一切，都使同类的其他著作黯然失色。

杜欣欣

2009 年 9 月 12 日

For Rose
献给罗丝

目录

宇宙用户指南

这些故事就是多篇美妙的科学文章，读者阅读之后，将对新的科学理论获得激动人心的洞察。这些文章以及卓越的科学家作者如下：

开场白

"T 减 7 分 30 秒，"一个机器人的声音响起了，"人造卫星磁头臂收回。"乔治喘了一口粗气，在航天飞机机长座位上挪动了一下屁股。终于都结束了。现在在航天飞机上已别无选择。就在短短的几分钟内——时间滴答滴答的比学校的最后一节课快得多，那课真是没完没了的——他就会把地球抛在身后，飞入太空。

现在人造卫星磁头臂为他的航天飞机与外部世界之间搭起的桥梁已经抽走了。乔治知道，他已经失去最后一次离去的机会。这是发射升空之前的最后阶段之一。也意味着连接舱门正在关闭——不仅是关闭，而且正被密封。现在即使他用锤子砸门，乞求离开，那边也没人能听到。航天员们与他们非凡的飞行器一起，只有几分钟就要升空了。现在唯一能做的事情就是等待倒数计时至零。

"T 减 6 分 15 秒，执行 APU 预备起航。"这些 APU——辅助电源设备——帮助操控升空和着陆。APU 的动力来自于 3 个燃料电池。这些电池已经运行了数小时。然而，刚才的那个命令使航天飞机充满活力，似乎它也知道壮丽的一刻即将来临。

"T 减 6 分 15 秒,"一个声音说,"APU 启动。"

乔治的胃里翻江倒海。他最想做的事是再次飞越太空。而现在他正在一架真正的航天飞机内,与宇航员们一起,在发射台上等待着升空。这一刻既激动又恐怖。如果有什么事搞砸了怎么办?他正坐在机长的位置上,也就是说,他负责操控航天飞机。他身旁坐着驾驶员,他是后备机长。"那么,你们大概都是挺惊险的《星舰迷航》中的宇航员?"他自言自语,有些傻傻地嘟囔着。

"你说什么,机长?"一个声音在乔治耳机中响起。

"哦,嗯⋯⋯"他忘记了发射控制台能够听到他说的每一个字,"我只是好奇,如果我们邂逅外星人,它们会跟我们说什么。"

发射控制台大笑:"保证替我们带个好就行了。"

"T 减 3 分 3 秒,引擎进入启动位置。"

轰隆隆,轰隆隆,乔治心里想着。在几秒之内,这 3 个引擎和 2 个固体火箭推进器将会加速至升空状态,即使还未飞离发射塔,航天飞机就已达到 100 英里的时速。只需 8 分 30 秒,它将加速至每小时 17500 英里!

"T 减 2 分钟,遮光板关闭。"乔治的手指发痒,真想去拨动面前那数千个按钮,只想看看会发生什么事,但他不敢。一旦进入太空后,他面前的操纵杆,是他也就是机长用来驾驶航天飞机的,然

后与国际空间站会合。类似于驾驶一辆车，唯一不同的是，这个操纵杆可以在任意方向移动，除了左右移动，也可以向前或向后移动。他将手指放在操纵杆头上，只想感觉一下。这么做时，他面前的一块电子图板非常轻微地颤抖。他赶快抽回手，假装什么都没碰过。

"T 减 55 秒，松开固体火箭推进器。"这两只固体火箭推进器将把航天飞机推离发射台，发射至距离地球约 230 英里的天空。它们没有"切断"开关，一旦点燃，航天飞机就上升。

再见，地球。乔治想着。我会很快归来。在即将把美丽的地球，亲爱的家人和朋友留于身后之时，一阵悲哀的思绪袭来。就在很短

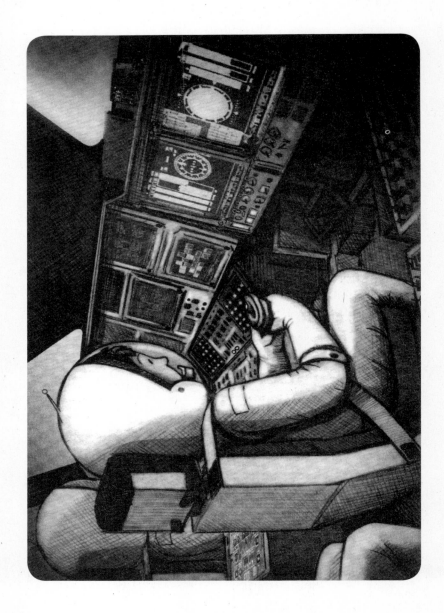

的时间内，当航天飞机与国际空间站会合时，他将在他们的上空绕地球公转，并可以向下遥望他们。国际空间站如子弹般"嗖嗖"地在空中穿行，每90分钟绕地球转动一圈。从太空中看地球，他能够看到几大洲的轮廓、海洋、沙漠、森林、湖泊和大城市夜间的灯光。而从地球上看他，爸妈、埃里克、安妮、苏珊只能看到一个微小的亮点，在晴朗的夜空里掠过。

"T减31秒，地面发射器程序控制器进入自动程序状态。"

宇航员们在座位上轻轻地扭动着，使自己在漫长旅程之前坐得更舒服些。驾驶室狭小而拥挤得惊人。离开与回归座位都得挤，乔治需要太空机师帮助才能爬进座位。航天飞机直立在发射台上等待升空，驾驶室里的一切都倒转了。座椅向后倾斜以至于乔治的双脚向前伸，直指航天飞机的鼻子，他的脊椎与下面的地面呈平行状态。

航天飞机正处于准备上升状态，等待着垂直穿越天空、云彩、大气层，直冲入宇宙之中。

"T减16秒，"机器人声很镇定地说，"启动声抑制水。T减15秒。"

"升空减15秒，机长乔治，"邻座的驾驶员对乔治说，"航天飞机在15秒内升空，开始倒数计时吧。"

"呜——呼！"乔治欢呼着。呵！他想起来又突然有些害怕。

"向你呜——呼！机长，"发射控制台回答道，"祝你飞行顺利。"

乔治激动得颤抖着，他每一次呼吸都是对壮丽升空的倒数计时。

"T减10秒。点燃游离氢蒸发系统。地面发射程序器启动主引擎。"

就要这个！真的发生了！

窗外，乔治能够看到一带绿草，上面是蓝色天空，鸟儿旋飞。他躺在航天座椅上，努力控制自己，保持镇定。

"T减6秒，"机器人宣布道，"主引擎启动。"当3个主引擎启动时，即使航天飞机还未开始移动，乔治也感到一阵不可思议的抖动。通过耳机，他又听到发射控制的声音。

"我们将在T减5秒时升空，现在开始倒数计时。五，四，三，二，一。你就要开始升空了。"

"是，"尽管心中在喊，但他很镇定地说，"我们开始升空。"

"T减0秒。点燃固体火箭推进器。"

抖动加剧。在乔治和其他的宇航员脚下，两只火箭推进器已经引发。后部似乎被猛烈地踢了一脚，随着一声咆哮，火箭冲破寂静，航天飞机被推入太空直冲云霄。在巨大的烟火之中，乔治感觉自己被发射到空中。现在什么事情都可能发生——它可能爆炸，也可能偏离轨道，在地球上摔得粉碎，还可能冲进太空，像无头苍蝇似的乱转。而乔治对可能发生的一切都束手无策。

透过舷窗，他看到航天飞机周围都是地球大气层的蓝色，但他已不能看到地球本身了，他即将离开自己的星球！升空后数秒，航天飞机打了个滚儿，处于一个巨大的橘色燃料罐之下，所有的宇航员也都变得头朝下待着。

"啊呀呀！"乔治喊了起来，"我们上下颠倒了。我们飞行的方向错了，请求帮助，请求帮助。"

"没事，机长！"驾驶员说，"我们每次都是这样。"

发射后 2 分钟，乔治感到了巨大的颠簸，整个飞船都随之震动。

"这是什么？"他喊道。

窗外，他看到第一只，随后是第二只火箭脱离了飞船，呈弧形状飞离而去。

火箭已去，现在突然安静下来；飞船内寂静无声。而乔治已经不再感觉被挤压在座位内。他失重了！他看着窗外，寂静中心里充满了喜悦。

飞船再次打了个滚儿，于是飞船不再处于橘色燃料大罐之下，而是置于其上了。

在太空中刚过了 8 分 30 秒——乔治感觉好像过了一个世纪，他并未注意到 3 个主引擎已经关闭，外部燃料筒已经脱离。

"它飞了！"驾驶员吹起口哨。透过舷窗，乔治看到巨大的橘色燃料罐从视野中消失，它们将在大气层中烧毁。

乘着飞船，他们已经穿越了地球蓝色的天空和黑色太空的边界。飞船四周远处，星光闪烁。他们仍在爬升，但距离其最高点已经不远。

乔治的驾驶员检视了控制板上所有闪烁着的灯光，说道："所有系统运行良好，我们正朝轨道进发，机长，你愿意带我们进入轨道吗？"

"我愿意。"乔治回答驾驶员。他现在向德州航天控制中心呼叫："休斯敦，"他所说的是航天史上最有名的语句，"我们准备进入轨道，你可知道？休斯敦？这是阿特兰提斯号。我们准备进入轨道。"

在黑暗的飞船外，星星突然非常明亮，越来越靠近了。其中的

一颗似乎急速地向乔治飞来，很亮的光直射在他的脸上，是这么近，又是这么明亮……

他被这星光惊醒，发觉自己睡在一张陌生的床上，一束手电光直射在他的脸上。

"乔治！"一个黑影低声说，"乔治！起来。有紧急情况。"

第一章

　　决定穿哪件衣服不是件容易的事。"起来，打扮成你最喜爱的太空物件。"隔壁邻居、科学家埃里克·贝利斯对他说，埃里克邀请他去参加一个化装舞会。问题是乔治喜爱很多太空物件，实在不知道该挑哪个才好。

　　他应该穿得像带环的土星吗？也许他可以打扮成冥王星，那颗已经不再是行星的可怜的小星星。也许他可以打扮成最黑暗的黑洞？那宇宙最强大的力量。他并没努力多想黑洞是多么令人吃惊，壮丽巨大，其实那并不是他最喜欢的太空物件。黑洞是这么贪婪，接近它的任何物体，所有物体——包括光——都会被它吞没，很难喜欢上这样的东西。

　　最终乔治还是做出了决定。有一次，他和爸爸在互联网上看太阳系图像，偶然看到火星漫游车在火星表面上传回地球的图片，那张图片看起来像一个人站在红色的行星上。他一看到这张图像，就决定去参加埃里克的聚会，他要装扮成火星人。当看到那张照片时，连乔治的爸爸特伦斯都激动起来了。当然他们都知道那不是真正的火星人，而是一块露出地面的大岩层因光的作用而给人造成的错觉。但想到我们可能不是孤独地存在于宇宙中毕竟是令人激动的。

"爸，你想过真有人在那上面吗？"当他们盯着那张照片时，乔治问道，"火星人或其他的什么存在于遥远的星系里。如果有，他们会来探望我们吗？"

"如果有，"他爸爸说，"我期望他们会来探望我们，并好奇我们是什么样子——有这么一个美丽的星球，却被糟蹋成这个样子。他们肯定认为我们真的很蠢。"爸爸难过地摇摇头。

乔治的父母都是环保人士，使命是拯救地球。他们从事的环保活动之一是禁止家庭使用电话、电脑之类的电器。但自从乔治在学校的科学竞赛中获得首奖——他真正拥有了一台电脑，他的爸爸和妈妈怎能忍心不让他拥有那台电脑呢。

事实上，自从家里有了那台电脑，乔治教父母如何使用，并且还帮助他们做成了一张很漂亮的电子广告，广告是一张巨大的金星图片，并配上很大的字体："谁要住到这儿？"还有其他文字："硫酸

金星

金星是天空中除太阳和月亮之外最明亮的天体。它以罗马神话中的美神命名，史前人们就已经知道金星了。直到希腊哲学数学家毕达哥拉斯认识到金星其实是一颗星之前，古希腊的天文学家都以为它是两颗星。一颗是启明星，它在清晨时闪耀着更明亮的光；另一颗是晚上的黄昏星。

然而金星和地球是完全不同的两个世界。

金星周围是密度很大，有毒的大气层，大气层的主要成分为二氧化碳和硫酸云。这些云层特别厚，吸收大量的热，因此金星表面温度高达 470 摄氏度，铅到了那里都会熔化，金星是太阳系中最热的星球，大气压力比地球大 90 倍。这意味着，若你站在金星的表面上，你将感到和地球上海底深处一样的压力。

环绕金星旋转的密集云层并不仅仅吸收热量。它也反射太阳光，这就是这颗行星在夜空中这么明亮的原因。很久以前，金星上可能有海洋，但因温室效应水都蒸发并逃逸了。有些科学家认为，如果不制止全球变暖，金星上失控的温室效应将会在地球上重演。

自 1962 年发射宇宙飞船"水手"2 号以来，金星已经被航天探测器访问过 20 多次了。第一个在另外行星上降落的是 1970 年在金星上着陆的苏联"贝内拉"7 号；"贝内拉"9 号从表面传回照片，但它并未在那上面待多久，60 分钟之后，它就在那颗不友善的星球上熔化了！后来美国人造卫星"麦哲伦"利用雷达传回了金星表面细节的照片，这些细节以前都被厚厚的大气云层遮蔽了。

金星与地球旋转的方向正好相反！如果你在金星上能透过厚云层看到太阳，它是从西方升起，东方落下。这种旋转称为逆行运动；地球的旋转方向称为顺行。

> 金星是从太阳往外数的第二颗行星，也是太阳系第六大行星。金星经常被称为地球的孪生兄弟，它们大小相同，质量和结构也大致相同。

> 金星被认为是太阳系中最不可能存在生命的地方。

金星

金星上一年的时间比一天的时间还要短！因为金星自转很慢，它绕太阳公转的时间短于自转时间。

每个世纪，金星会从地球和太阳之间大约经过两次。人们称之为金星凌日。这样的凌日事件总是成对出现，其间相隔 8 年。自从望远镜发明之后，在 1631 年和 1639 年；1761 年和 1769 年；以及 1874 年和 1882 年都观察到了凌日现象。2004 年 6 月 8 日，天文学家看到了金星的小斑点掠过太阳。21 世纪初的这一对凌日的第二次于 2012 年 6 月 6 日发生。

金星上的一天相当于地球上的 243 天。
金星每 243 个地球日自转一次。

云，气温高达 470 摄氏度……海水干枯，大气层非常的厚，阳光不可能穿透，这就是金星，但是如果我们不小心，我们的地球就可能变成金星。你愿意住在那样的星球上吗？"乔治为这个海报感到骄傲，他的父母以及他们的朋友将这张海报电邮到世界各地，以促进他们的环保活动。

就他所知的金星而言，乔治相当肯定在那个又热又臭的星球上是找不到任何生命的。因此他甚至不会考虑在埃里克的聚会上装扮成金星人，而他妈妈黛西帮他做了一套深橘色带有圆形块的外衣和一顶高尖顶的帽子，他看起来像他们找到的照片上那样的火星人。

　　穿上那套衣服后，他向爸妈挥手再见——他们今晚也计划了聚会活动，帮助一些环保朋友做有机食品，款待大家。乔治挤过自己家和埃里克家篱笆的裂口。这个裂口是乔治的宠物小猪弗雷迪（这名字是他祖母起的）弄开的，它曾横冲直撞地穿过篱笆，逃出那个脏猪圈，经过后门闯入埃里克的家。跟随弗雷迪的蹄印，乔治最终见到了他的新邻居，当时他们刚刚搬进隔壁的空房子里。与埃里克及他家人偶然的相遇已经永远地改变了乔治的一生。

　　埃里克向乔治展示过他的不可思议的电脑 Cosmos，它是那么聪明，功能那么强大，他甚至可以画出一个门道。埃里克、他的女儿安妮和乔治都能够跨过这个门道去访问宇宙任何一个已知的部分。

　　但是正如乔治在一次空间探险中发现的，太空可能是非常危险的。那次探险，以极力解救他们的 Cosmos 的爆炸而告终。

　　从那天开始，Cosmos 就停止工作，乔治再无机会跨过门道在太阳系附近以及更远的地方旅行。他想念 Cosmos，但至少他还有埃里克和安妮——他能随时看到他们，即使他不能与他们一起去太空探险。

　　乔治蹦蹦跳跳地经过花园小径，来到埃里克家的后门口。只见里面灯火通明，并传出谈话声和音乐声。进门之后，他来到厨房。

　　他没有发现安妮，埃里克或安妮的妈妈苏珊，但很多人在房间里走来走去。一个成年人立刻把一盘闪着银冰色

的松饼推到他的鼻尖下，"来块陨石吧。"他快乐地叫道，"或许我该说来块流星体。"

"哦，好吧，谢谢，"乔治有点吃惊地回答着，"看起来蛮好吃的。"他加了一句，并取了一块饼。

另一人把几块松饼倒在地板上，说道："如果我这样做，那么我就可以说'来块陨石吧。'因为它们已击中地面。但是如果我把松饼递给你，它还正悬浮在空中呢，从术语上说，它们还是流星体。"他满脸笑容地看着乔治，又看看地板上堆在他脚边的松饼。"你明白这差别了吧——一个流星体是一块穿越大气的石头；我们把落地后的流星体称为陨石。因此现在我把松饼丢在地板上，我们可以叫它们陨石了。"

乔治手拿着松饼，有礼貌地笑着，点着头，开始慢慢向后退。

"哎哟！"他踩住了什么人，那人尖叫了一声。

"嘘！"他转过身。

"没事儿，是我。"原来是安妮，她穿着一身黑。"无论如何你看不到我，因为我是不可见的。"她顺手摸走乔治手中的松饼，塞进嘴里。

"因为我对周围物体的效应，你才知道我在这里，那我是什么？"

"当然是黑洞了！"乔治说，"你吞下任何靠近你的东西，你这个贪婪的猪。"

"不是的！"安妮得意扬扬地笑了。"我就知道你会那么说，但说得不对。我是……"她看起来好高兴……"暗物质。"

"那个是什么？"乔治问。

"没人知道，"安妮神秘地说，"我们都看不见它，但它好像是能

使星系不会飞散的绝对基本的物质。咦，你扮的是什么？"

"嗯，"乔治说，"我是火星人——你应该从照片上认识了嘛。"

"哦，可不是吗？"安妮说，"你是我的火星人的先祖。很酷嘛。"

他们周围都是喊喊喳喳的说话声，挺嘈杂的。一群穿得特奇怪的人在那边又吃又喝，大声说话。其中一个穿得像个微波炉，另一个穿得像只火箭。一个太太戴着犹如爆发星体似的徽章，另一个男人将小卫星碟顶在头上。一个科学家跑来跑去地命令道："让我当你们的头儿吧。"还有一位正在吹一只巨大的气球，上面印着"宇宙正在暴胀"。一个穿着一身红的男人一直站在人群旁，接着又从他们那里不断向后退，挑逗他们猜他是什么。他身旁的一位科学家腰上戴了很多大小不同的呼啦圈，每个圈上还拴了不同大小的球。当他移动时，呼啦圈就绕着他转动。

"安妮，"乔治急切地问道，"我搞不懂这些服饰中的任何一种，他们装扮的是什么呀？"

"嗯，如果你懂得怎么辨认，就知道他们都是你能找到的宇宙中的物质。"安妮回答说。

"举一个例子。"乔治问。

"哦，比如那个穿一身红的人，"安妮解释着，"他不断地退离人群，就意味着他在装扮红移现象。"

"怎么回事？"

"如果宇宙中一个很远的天体，譬如星系，一直在离你而去，它的光看起来就会比不动时的颜色更红一些。那么，他穿一身红，并且一直在离开人群而去，就意味着他在装扮红移，而其他的人也都装扮成你在宇宙中可以找到的各种物质，比如微波、外太空行星等。"

光及光在空间中的旅行

光每秒行进 186000 英里。这是非常快的，但是光从太阳到达地球仍然需要 8 分钟的时间；从第二近的恒星，光需要花费多于 4 年的时间。

宇宙中最重要的物质之一是电磁场。它无处不在，电磁场不仅把同种原子束缚在一起，而且也使原子中的微小粒子（称为电子）把不同的原子束缚在一起，或者使电子形成电流。我们周围的世界就是由电磁场将极大量原子束缚在一起而构成的；甚至生物，例如人类，也依赖着电磁场而存在和活动。

一个电子微动时就在场中产生波动，好像你的手指在澡盆里轻微地晃动，水就泛起涟漪。这种波动就称为电磁波，由于场无处不在，电磁波可以穿行宇宙到远处去，直到遇上另一些电子把它的能量吸收才停止。它们有不同的形式，有些会被人眼感觉到，表现为不同颜色的可见光。其他形式的波包括无线电波、微波、红外线、紫外线、X 线、伽马射线。电子一直在运动——原子一直也在运动——所以物体总在产生电磁波。在室温下，它们主要是红外线，但若是在热得多的物体里，运动就会更剧烈，产生出可见光。

太空中很热的物体，比如恒星，能够产生出可见光。在它们碰到某物之前，要旅行很长的路。当你看到一颗恒星时，它的光已经宁静地穿越宇宙好几百年了。它进入你的眼睛里，引起你视网膜中的电子微动，形成电流，然后通过光感神经传入你的大脑；你的大脑就说："我看到了一颗恒星！"如果那颗星距离你非常遥远，你可能得用望远镜才能收集到足够的光，把它找出来，微动电子可以产生出图像或给计算机输送信号。

宇宙就像一个气球，一直在膨胀、暴胀。这就意味着那些距离遥远的恒星和星系正在远离地球。它们的光在穿越宇宙向我们传播时就被延伸了，它行进得越远，延伸得就越厉害。这种延伸使可见光显得更红一些，这被称为红移。最终，如果它旅行足够远，并红移得足够大，光就不可见了，先成为红外线，然后成为微波辐射（犹如地球上微波炉所用的电磁波）。正是大爆炸产生的强大无比的光——在它旅行了 130 亿年之后，今天它作为从太空所有方向而来的微波能被检测到。这拥有"宇宙微波背景辐射"的响亮称呼丝毫不亚于大爆炸的余晖。

安妮说得很轻松，她了解这类信息而且能在聚会时出口成章，但乔治再一次有点嫉妒她了，虽然他也酷爱科学，不倦地阅读并在互联网上搜索文章，还不断地缠着安妮的科学家父亲埃里克提问，立志长大之后要做科学家，为的是能通晓一切，或许自己能做出令人激动的发现。但安妮，对宇宙奇观抱有随意得多的态度。

乔治与她刚结识时，她想做芭蕾舞演员，现在她已改变主意决定做一个足球运动员。课余时，她不再穿粉色或白色的芭蕾舞短裙，而是在后院冲来冲去，在乔治身边猛力地踢球，她总是让他站在那里当靶子。但尽管如此，她的科学知识似乎仍比乔治要多得多。

安妮的父亲出现了，他穿着平常的衣服，与平时毫无两样。

"埃里克，"乔治高声提问，"你装扮的是什么？"

"我？"埃里克微笑着，"我是宇宙中唯一的智慧的生命形式。"他很谦虚地说道。

"什么？你说你是整个宇宙中仅有智慧的人？"乔治问。

埃里克笑了，"在这里不要太大声地说话，"他用手指了一下其他的科学家，"否则别人会很生气的。我的意思是，我装扮成人类，那是我们迄今为止所知的宇宙中仅有的智慧的生命方式。"

"哦，我知道了，"乔治说，"但是你其他的朋友呢？他们扮成什么角色。还有，为什么红光意味着某种离开的东西，我不理解。"

"嗯，"埃里克友善地说，"如果有人给你解释，你就明白了。"

"你能对我解释吗？"乔治请求道，"你能向我解释有关宇宙的一切吗？就像你对我解

释过黑洞一样。你能告诉我红的东西和暗物质，以及其他一切吗？"

"哦，天哪，"埃里克说道，听起来他相当懊悔，"乔治，我乐意告诉你有关宇宙的一切，但问题是我不清楚我此刻还来得及不，我还有其他事要做……稍等一下……"他的声音弱了，并凝视着远方。每当他有个主意时，他就总是这样。他摘下眼镜，在衬衫上擦了擦，然后就像以前那样摇摇欲坠地挂在鼻子上。"我有办法了！"他非常激动地说道，"我知道我们要做什么！等等，乔治，我有个很聪明的计划。"

随即他拿起一把软锤，敲向一面大铜锣。铜锣发出一声低沉的嗡响。

"各位，集中到这里来。"埃里克把每个人都招呼到这间房间内，"快点，进来，快点。我有事要说。"

激动的情绪感染了人群。

"行了，别吵了，"他继续说道，"今天我将科学团体成员聚会此地——"

"好哇！"有人在后面欢呼着。

"我请求大家用心回答我年轻的朋友乔治的一些问题。他要知道所有的一切！首先，他想知道你们的服装是什么意思！"他指着那个戴着呼啦圈的人。

"我装扮成遥远行星系统来参加聚会。在那里，我们可能会找到另一个地球。"那个看起来很愉快的科学家高声说道。

"安妮，"乔治小声说道，"那不就是以前雷帕博士做的事吗，找一个新行星？"

雷帕博士曾与埃里克是同事，他想把科学用于自私的目的。他

曾经协助埃里克寻找一颗系外行星——那是一颗围绕着另一个太阳旋转的行星——而那颗星可能支持人类生存。但是他为埃里克指引的方向根本就是错误的——事实上，在寻找那颗星时，雷帕指引的方向引致埃里克危险地靠近一个黑洞。雷帕过去一直想除掉埃里克，以便可以控制Cosmos——埃里克的超级计算机。但他邪恶的伎俩并未得逞，埃里克从黑洞里安全返回。

当雷帕博士精心策划的事情败露之后，已经没人知道他的去向了。乔治一度请求埃里克对雷帕采取一些行动，但埃里克听之任之。

"雷帕博士知道怎么寻找行星，"安妮说，"但是我们不知道他是否真正找到过一颗。总之，在他写给爸爸那封有关那颗行星的信里，我们从来都无法知道这颗行星是否真的存在。"

"谢谢你，山姆。那么现在你们发现了多少颗这种行星？"埃里

克问那个戴呼啦圈的人。

"迄今为止,"山姆一边说,一边抖动着呼啦圈,"太阳系外的 331 颗行星——超过 100 颗在离恒星相当近的轨道上。其中一些恒星不止有一颗卫星。"他开始转动呼啦圈,"我是一个众行星围绕恒星公转的系统,就在太阳系近旁。"

"他说的'近旁'是什么意思?"乔治小声问安妮,她将这话传给埃里克。她爸爸又小声传回来,然后她把答案转述给乔治。

"他的意思是,也许是,比如 40 光年那么远,因此大约就是 235 万亿英里,"安妮说,"对宇宙来说这就是附近,近旁了。"

"你看到那里有东西像地球吗,一颗我们可以称为家园的卫星?"

"我们已经看到少许星球可能,也仅是可能像第二个地球。我们的搜寻研究还在继续。"

"谢谢你,山姆,"埃里克说,"现在,我要你们来回答乔治的问题——所有的人。"他拿出纸笔,"每个人在聚会结束时,请写在一两张纸上,说说你认为你从事科学研究中最有趣味的部分,如果你此刻没时间完成,可以发电子邮件给我,或放在网上。"

科学家们看起来都很快乐。他们真的很喜欢谈论工作中最有趣的事情。

"另外,"埃里克又很快地补充道,"在我们重新开始之前,我这里要简短地宣布个人的一件小事。我很激动也很愉快地告诉大家,我有了一个新工作!我要去为全球空间部工作了,去寻找我们太阳系中其他的生命迹象。从火星开始!"

"呜!"乔治说,"那太棒了。"他转向安妮,但她并未注视他。

"因此,"埃里克继续说,"就在这几天,我和家人就要收拾行李,动身去位于美国的全球空间部总部了。"

听到这个消息,乔治觉得天都要塌了。

第二章

　　乔治真不愿意看到隔壁邻居打包搬家即将离去。他希望在他们离开自己前，再和他们多待一段时间。因此日复一日地，他总在那里转悠，看着屋内空间显得越来越大，看着他们的一件件物品先是被装进贴着"全球空间部"标记的大纸盒子，然后装上开来的货车，货车又将它们都运走。

　　"真让我激动！"安妮一直在欢呼，"我们要去美国了！我们会成为电影明星！我们去吃巨大汉堡！我们去看纽约！我们去……"她持续不停地说起那极为美好的新生活，她憧憬着住在另一个国家，那里的一切都比这里好。乔治有时试图向她暗示，也许那里并没有她想的那么好。但安妮已对想象中的美国生活着了迷，不怎么

在意他的话。

　　埃里克和苏珊比安妮更尽力地掩饰他们这次大搬家的激动之情，以免使乔治伤心。但他们也无法完全掩饰。一天，当房屋几乎搬空了时，乔治坐在埃里克的书房里，帮助他把一些珍贵的科学物品包上旧报纸，再小心翼翼地放入大箱子里。

　　"你们会回来的，对吗？"乔治恳求道，现在所有的图片已从墙上取下，以前满满的书柜都几乎空了。整个房子显得空荡荡的，犹如他们最初迁入时那样的荒凉。

　　"还得视情况而定！"埃里克挺高兴地说，"也许在下次空间任务中，我搭上飞船进入太空，就在那里一直待下去了。"他注意到乔治沮丧的脸。"哦，不，我不是那个意思，"他急速地补充道，"我

不能把你丢下。我确信我会有办法回到地球上的。"

"可是你会回到这里，住在这里吗？"乔治固执地问，"就在你的这间房子里。"

"事实上这房子不是我的，"埃里克说，"只是人家给我工作的地方，在此我可以和 Cosmos 一起工作而不被发现。但不幸，有人，更确切地说，就是格雷厄姆·雷帕，他已经设了埋伏。"

"雷帕博士怎么知道你会来这里呢？"乔治一边包着旧望远镜，一边问道。

"哎，回想过去，我才意识到这个地方太显而易见了，而我以前却没有想到，"埃里克回答，他看起来挺悲伤的。"你知道，这房子属于我们以前的老师，他是有史以来最伟大的科学家之一。没有人知道他现在身在何处，看来他消失了。但在那之前，他写信给我，把这间房子提供给我，作为我使用 Cosmos 工作的一个安全的地方。不让 Cosmos 受到危害是非常重要的，但结果我没有做到。"

乔治放下旧望远镜，拿起上学的书包，从书包里掏出杰米道洁牌饼干，撕开包装纸，将饼干递给埃里克。埃里克看到自己喜爱的饼干笑了。"我真该去烧点茶来配你的饼干，"他说，"但我已把茶壶装箱了。"

乔治边"嘎巴嘎巴"地嚼着饼干，边问："我不明白的是，为什么你不再做一个 Cosmos？"他意识到这是提问的最后一次机会了。

埃里克说："如果能够的话，我会的。但是雷帕和我与老师一起设计样机，已是很多年前的事了。现代版本的 Cosmos 仍然保留着第一台计算机原初的某些要素。那就是为什么我不可能简单地再另造一台。没有他们两个，我不确定我知道怎么去做。他们中的一位消失了，另一位，雷帕，我们都知道他是怎么回事。"埃里克舔着饼干中的果酱，继续说道，"在某方面，Cosmos 的毁坏已经改变了我们所有人的生活。现在我没有这台电脑了，我不得不去找其他的方法继续我的太空研究。同时也意味着我不必担心有人会发现我的超级电脑，并设法偷走它。为了让 Cosmos 避开危险，我们搬过很多次家。可怜的安妮，她住过那么多不同的地方。但迄今为止，这里是她最快乐的地方。"

"你不知道吧，"乔治阴郁地说，"要离开这里了，她看起来并不难过。"

"她并不想离开你，你是她最好的朋友，"埃里克告诉他，"她会想念你的，乔治，尽管她不表现出来。她不可能很快找到像你这样的朋友的。"

乔治哽住了。"我也会想念她的，"他喃喃自语着，脸红了，"还有你和苏珊。"

"我们还会再见面的，"埃里克温和地说，"你不会永远处于想念中。而且如果你需要我，你只要让我知道就好了，我会为你做任何我能做的事情，乔治。"

"嗯，谢谢，"乔治喃喃地说，他突然想起什么，"但是你能安全离开这里吗？""难道你不能待在这里吗？如果雷帕跟着你去美国呢？"他似乎有了一线希望。

"我认为可怜的老雷帕不能再对我做什么。"埃里克有些悲伤地说。

"可怜的老雷帕？"乔治激烈地叫了起来。

"他曾试图把你扔到黑洞里！我不懂你为什么会感到对不起他！我真不懂——当你有可能时，为什么不对他做点什么？"

"我已经足足地毁了雷帕的生活，"埃里克说，乔治张开嘴想说什么，但是埃里克打断了他。"你看，乔治，"他很坚定地说，"他已经把我整得够意思了，我想对他已经足够了。他报复了我，我不认为再会听到他什么了。无论如何，Cosmos 已经不能工作了，我不认为他还想从我这里得到什么。我是安全的，我的家庭是安全的。现在我去全球空间部任职。他们给我机会，让我去火星或太阳系其他的地方寻找生命迹象。你确实明白我无法拒绝吧。"

"我想是的，"乔治说，"如果你在太空那里发现了什么人，你会告诉我吗？"

"肯定会的，"埃里克承诺道，"你在最先知道的人当中。那么，乔治，我让你保留这个望远镜。"他指了指那个黄铜的长管，此刻乔治正在仔细地用纸把它包上。"这会提醒你经常观星。"

乔治疑惑地问："真的吗？但这不是太贵重了吗？"他又打开纸包，手中感到金属的冰冷光滑。

"嗯，你也同样贵重。你用它进行的观测也同样贵重。为了帮助你，我还要赠送另外一件特别的离别礼物。"他埋头在旁边一个书堆里，开心地翻出了一册亮黄色的书，在空中向乔治挥了挥。封面的大字标题为：宇宙用户指南。

"你记得吗？"他问乔治，"在那次聚会中，我曾请所有的科学家朋友为我写一页纸，回答你提出的问题。而我将那些回答都放在一本书里，一本给你，一本给安妮。这就是了！当你读这本《宇宙用户指南》时，记住我要你了解如何成为一名科学家。我让你看看我和我的朋友——我们互称为同行——喜欢阅读彼此的著作并进行讨论，交流观点和想法，其中最重要的一点是乐趣——这是成为科学家的一个关键，有同行帮助，激发灵感，而且挑战你。这就是这本书的内容。我想也许你愿意和我一起先读读前几页，这部分是我自己写的。"他谦虚地补充道。

　　埃里克开始朗读……

宇宙用户指南

为什么我们要进入太空？

为什么我们如此努力，花费如此大量的金钱就为了得到月亮上的几块石头吗？难道在地球上就没有更好点儿的事可做吗？

哦，这有点类似于 1492 年的欧洲。那时，人们认为让哥伦布到大海中寻找新航线犹如为了追寻海市蜃楼而徒费钱财。但他发现了美洲，世界因此而大大不同。只要这么想想，如果他没去美洲，我们就没有巨无霸汉堡，当然了，还没有其他好多东西。

到太空中去探险产生的效果将比那个大得多。它将会完全改变未来人类的生活；它可能在根本上决定我们是否有一个美好的未来。

它不能立刻解决如今地球上存在的问题，但却能帮助我们从不同角度去看待那些问题。在日益拥挤的地球上，向太空外而非只向太空内寻求机会的时间到了。

将人类迁至太空不会很快发生。我的意思是说，可能需要几百甚至几千年。在 30 年里，我们可以在月球上有一个基地，在 50 年中到达火星，在 200 年里，探索那些外行星的卫星。所谓到达，是指载男人——或者该说载人飞行到达。我们已经能在火星表面驱动火星车，而且一个探测器已经在土卫六（Titan）即土星的一颗卫星上着陆，但是当我们处理人类未来时，我们不得不自己到那里去，不能只送机器人。

但是去哪里呢？现在航天员已经能够在国际空间站住几个月，我们知道人类可以在地球之外生存。但是我们也知道无地心引力的空间站并非只遭遇喝杯茶的困难。长期住在无地心引力的地方对人类并不好，因此我们需要在行星或卫星上找个基地。

那么我们应该选择哪一颗星呢？显而易见应该是月球。它离我们最近，而且容易去那里。我们已经登上月球，并且开着小机动车到处看了看。另外，月球较小，没有大气，也不像地球具有磁场以偏转太阳风粒子。那里没有液态水，但在它的南北极的火山口内可能有冰。由核能或太阳能提供功率，月球上的聚居区可以利用这些冰作氧气源，那么月球可以作为去太阳系其他地方旅行中的休息站。

火星呢？这显然是我们下一个目标。火星与太阳的距离远于地球和太阳的距离，所以受到较少的日照，那里要寒冷得多。火星上一度曾有磁场，但在 40 亿年前就已经衰减了，也就是说它的大气层多已剥去，剩下的压力只相当于地球大气层的百分之一。

过去，火星上的大气压力，即相当于地球上压在你身上的空气的重量，一定是够高的，因为我们能够看到湖泊和河道干涸的样子，现在火星上不存在液态水，因为它可能蒸发光了。

然而，在火星的两极还存在着大量冰态的水。如果我们住在火星上，我们就可以使用它。我们也使用矿物和金属，那些都是火山爆发之后带上火星表面的。

因此，对我们来说，月球和火星相当不错。但是太阳系中还有其他的地方吗？水星和金星都太热了，而木星与土星是巨大的气团，根本没有固体表面。

我们可以尝试火星的卫星，但它们都太小。木星和土星的卫星可能较好，比如土星的卫星土卫六，比月球大而重，还有密集的大气层。NASA（美国国家航空航天局）与欧洲航天局的卡西尼 - 惠更斯空间计划曾用太空探测器登陆土卫六，并且传回那颗星球表面的照片。然而，因为距离太阳太远，那里很冷，况且我觉得住在液态甲烷湖旁并不舒服。

那么太阳系之外呢？眺望宇宙，我们知道只有少许恒星具有围绕它们旋转的行星。直到最近，我们只能看到像木星、土星那样巨大的星球。但是我们正在开始辨认一些更小的类似地球的行星。有些位于可居住区内，它们与母恒星的距离正是表面有水存在的范围内。在距离地球 10 光年之内的地方，可能有几千颗这样的恒星。如果有百分之一的概率在可居住区内存在一个地球尺度的行星，我们就会有 10 个候选的新世界。

宇宙用尸指南

　　目前我们还不能穿越宇宙太远。事实上，我们甚至还不能想象如何能走过如此长的路程。但那正是我们未来的目标，大概要在以后的 200 ~ 500 年间实现。人类作为单独物种大约存在了 200 万年。文明始于大约 1 万年前，发展的速率不断地提高。我们必将达到这个阶段，可以无畏地去任何一个前人从未去过的地方。谁知道我们会找到什么，碰到谁？

　　祝你的宇宙旅行好运，我希望我们的小书对你有帮助。
　　致以星际间最良好的祝愿。

埃里克

第三章

　　这天终于到来了，埃里克、安妮和苏珊最后一趟装运东西的车"砰"地关上了车门。他们站在街上与乔治及其父母道别。

　　"别担心！"乔治的爸爸说，"我会照看好你的房子，也会把你的院子弄得更整洁一点。"他紧紧地握住埃里克的手，握得这位科学家脸色有点苍白，后来还搓手搓了老半天。

　　乔治的妈妈抱住安妮。"现在谁会将足球踢过我的篱笆？"她说，"我的菜园将会发现日子过于安静了。"

　　安妮在她耳边嘀咕了什么。黛西笑了："当然，你能。"她转向乔治，对他说："安妮想与弗雷迪道别。"

　　乔治点点头，在他声音颤抖时，他并不想说话。他们默默地穿过乔治的家，走入后院。

　　安妮倾身向着那只猪，温柔而爱抚地说道："再见，弗雷迪，我将会很想念你的。"

　　乔治深呼了一口气。"弗雷迪也会很想念你的，他真的很喜欢你。"他说道，因为尽力忍住眼泪，他的声音听起来尖尖的。他又补充道："自从你来了，他过得很愉快，你走了，生活就不一样了。"

　　"我也过得很愉快。"安妮悲伤地说。

　　"弗雷迪不希望你在美国找到另一头猪，让你像喜欢他那样地喜欢。"乔治说。

　　"绝不会有那样的一头猪，"安妮声明道，"他永远都是我最喜欢的猪。"

　　"安妮！"他们听到苏珊在唤安妮了，"我们必须走了。"

　　"弗雷迪认为你很杰出，他将等你回来。"乔治说道。

　　"再见，乔治。"安妮说。

　　"再见，安妮，"乔治说，"在太空见。"

安妮慢慢走了。乔治跨入猪圈，坐在温暖的干草堆上。"只剩下我和你了，弗雷迪，我的宇宙猪，"他悲伤地说，"又像以前一样。"

自埃里克、苏珊和安妮离去，后院仿佛沉入可怕的寂静。日子变得越来越长，每天都差不多。在乔治的生活中，并未发生什么特别糟糕的事——雷帕博士已经离开学校，自从他获得科学竞赛首奖后，现在也有些朋友和他一起吃中饭。以前雷帕在这里时，那帮欺负人的家伙让他难受，现在已不再纠缠他了。在家里，乔治有了电脑，因此他也可以找到一些有趣的东西，或是为家庭作业，或只是为了普通科学，而他对科学越来越有兴趣，他给朋友发电子邮件，也定期去各种各样的太空网站查看所有的最新发现。他喜欢看诸如哈勃太空望远镜的空间天文台拍摄的观测照片，阅读宇航员的旅行日志。

虽然这一切真的激动人心，但不能与安妮他们分享，生活就是不一样了。乔治每夜都仰望星空，希望能看到一颗流星落向地球，给他带来一些太空探险的信息。然而，他从未见到一颗流星。

就在他几乎不抱希望时，有一天他收到一封令他惊讶的电邮，那是安妮寄来的。他曾给她写过很多信，但回信都是有关小孩的冗长而乏味的故事，而他从未见过那些孩子。这封却不同了，信中这样写道：

> "乔治，妈妈和爸爸已经给你爸妈写过信，请你过来度假。你必须来！事实是我需要你。现在有个宇宙探险任务！别临阵脱逃！那些老家伙没用，我对他们从不提及太空探险。甚至我爸都对他们说'不'，情况比较严重。你假装来度个普通的假期。太空服已备好。要在宇宙中待很长时间。安。"

乔治立刻给她回信：

> "什么呀？什么时候？在哪里？"

但她的回答很简短：

> "此刻不宜多说。马上计划过来。你就是去抢银行搞机票，也要到这里来。安。"

乔治就坐在那里，吃惊地盯着屏幕。这世界上，对他来说，再没有比去美国佛罗里达，去看安妮和她的家人更想做的事了。即使没有期待的太空探险任务，他也要飞快地去。但怎么去呢？他怎么能去那里，如果他爸妈不同意怎么办？他必须先从家里逃出去，藏身邮船去那里？也许他应该在无人监督时，潜入一架飞机？以前他曾通过电脑制造的门道溜出，进入太空，那简直不可思议。然而，突然去美国似乎比从黑洞里救人还要困难。他想，在地球上过日子比在太空中花样多得多。

　　后来，他有了一个主意——找奶奶，让奶奶帮我的忙。于是他发了个电邮给奶奶：

　　　　"亲爱的奶奶。我必须去美国。一个朋友邀请我去那里做客，但必须现在就去。非常非常重要。对不起，我无法向你解释。你能帮我吗？"

　　只几秒时间，回信就跳了出来：

　　　　"我立刻到你那里去，乔治。不要动，一切都会搞定的。爱你的奶奶。"

　　果不其然，仅仅一小时，前门就响起一阵凶猛的敲打声。乔治爸爸把门一打开，奶奶就把他撞到一边去了，老太太挥动着拐杖，看起来非常生气。

　　"特伦斯，乔治必须去美国朋友家做客。"她连声招呼都没有，

就径直宣告。

　　拐杖仍在乔治爸爸面前晃动。

　　"妈，"乔治的爸爸显得有点震怒，"你插手这件事干吗？"

　　"我听不见，我是聋子，你知道的。"奶奶摇摇头说，硬塞了个本子和钢笔给他。

　　"妈，我知道你听不见。"父亲咬牙切齿地说。

　　"你必须写下来！"奶奶说道，"我听不见，一个字也听不见。"

　　父亲在她的笔记本上写着："乔治去不去佛罗里达，不关你的事。"

奶奶狡猾地向乔治使着眼色，而他很快地报以微笑。

乔治妈妈从院子里进来，正在毛巾上擦着沾了泥巴的手。"这真奇怪，乔治，"她平静地对乔治说，"因为就在早晨，我们刚刚收到苏珊和埃里克的信，邀请乔治在放假时去他们那里做客。奶奶怎会已经知道这件事了呢？"

"嗯，也许奶奶有特异功能？"乔治飞快地说道。

妈妈对他做了一个鬼脸，说道："我知道了，事情是这样的。乔治，埃里克和苏珊事先已经说了，先不告诉你这件事，万一去不了，也就不会让你扫兴。你知道，我们恰巧付不起你的旅费，乔治。"

"那么我付费让他去。"奶奶回嘴道。

"噢，你听到了，是不是？"乔治爸爸说道，他还在笔记本上乱写呢。

"我读口型，"奶奶急忙说，"我什么都听不见，你知道我是个聋子！"

乔治妈妈在她的笔记本上写道："你也负担不起乔治到美国的旅费！"

"不必告诉我什么能做或不能做！"奶奶说道，"我有很多钱，全都藏在我的地板下。我太知道怎么花这些钱了。如果你们这些傻瓜不让他自己单独去的话，那么我将和他一起飞去。我在佛罗里达有一些多年未见的老友。"她再次向乔治咧嘴笑着。"乔治，你认为如何？"她问道。

乔治喜笑颜开，对她频频点头，小脑袋上下摇晃得差不多都要掉下来了。他又把头转向他的爸妈，看看他们的反应。他根本不相信，他爸妈会同意这件事，尤其是要坐飞机去旅行——在理论上，

他爸妈是不会批准的。

但是奶奶已经想到这点了。"你知道，"她轻描淡写地说，"我不明白为什么只有我和乔治能离开一段时间。毕竟，特伦斯，你和黛西已经很久没去令人激动的地方了。总有些地方你是应该去的。在这些地方，总有些对你有益的东西；这些地方真能使你长见识，只要你有时间和机票飞到那里。"

乔治的爸爸无言以对，而乔治意识到聪明的奶奶说得正中下怀。

"难道你都没有什么特别想做的事情吗？"她追问道。

她的儿子看起来不但不生气了，反而满怀希望，"你知道，"他对乔治妈妈说，"如果乔治去佛罗里达度暑假，而母亲能够帮我们出机票，那就意味着，我们自己能做另一个旅行——到南太平洋去参与环保工作。"

她陷入沉思。"我想我们可以答应，"她自语着，"我肯定埃里克和苏珊会照顾好乔治。"

"太棒了！"奶奶突然高声叫道，她试图在任何人改变主意之前，就把这件事搞定。"计划就这么定了。乔治去佛罗里达，而你也去度假，我是说，去挽救这个世界。"她很快改口道，"我将为每个人买机票，我们就动身吧。"

乔治的爸爸对着他妈摇摇头说："有时候，我觉得你只能听到你想听的。"

奶奶抱歉地笑了笑，指指自己的耳朵，"我没听到，一个字也没听到。"她坚定地说。

乔治感觉肚子都要笑爆了，但他还是屏住呼吸等待着妈妈说话。由于奶奶的帮助，他可以去美国了！安妮正在那边等着他，她准有关她的新发现的热门新闻。他对父母感到有些内疚。他们想把他送到另一个国家，一个安全安静的好地方度假。但乔治足够了解安妮的行事方式，他怀疑会有些事，而非安全安静的去处。而且她在信中提到了太空服，就是那些他们曾穿着环飞太阳系的衣服。这意味着她还有未披露的秘密，与宇宙有关，她要他和她一起再次去太空。

"那么好吧，"妈妈停顿了好一会儿，说道，"如果奶奶愿意带你去佛罗里达，埃里克和苏珊在你着陆那一刻接你，并且一直关照你，我认为我只好说 yes。"

"YES！"乔治向空中挥了挥拳头，大叫道："多谢妈妈，多谢爸爸，多谢奶奶。最好是现在就开始收拾行李。"他一边叫着，一边像旋风般转过身去，一溜烟不见了。

自己收拾行李真是太激动了，强过看他人打包。乔治并不知道该带什么，把东西弄得房间里到处都是，狼藉不堪。

他对美国所知甚少，仅从一个朋友家的电视里看过一点，那并未给他多少去佛罗里达所需物品的线索。滑水板吗？很酷的衣服吗？都没

有。他将一些书和衣服打包，并把他的宝贝《宇宙用户指南》放进书包里。他准备把这个书包作为飞机上的随身行李。至于航天行李，乔治知道宇航员只能随身带一套换洗衣服，还有一些巧克力进入宇宙飞船，而他怀疑甚至安妮都并没有着手准备过一件行李。

当乔治准备得差不多时，他的爸妈也准备好了，他们决定在乔治度假时去执行一项环保任务——登上南太平洋的一条船，去帮助一些因海平面上升而生存受到威胁的岛民。

"我们将在下沉的海岛上尽量和你保持频繁联系——用电话或电邮，"爸爸对乔治说，"我想知道你的进展情况。埃里克和苏珊答应过照顾你。"他叹了一口气："奶奶也离你不远，如果你需要她的话。"甚至弗雷迪都要度假，它准备到地区的儿童农庄里过夏天。

起飞前一天晚上，乔治通宵未眠。他将去美国看望他最好的朋友，也许，仅仅是也许，再次进入太空。他以前曾环飞过太阳系，但他却从未真正坐过飞机，因此那也是非常令人激动的。以前他曾在遥远的太空，这次他穿过地球的大气层飞行，他会穿过大气层的某些部分，那里的天空依然是蓝色，在太空还未变成黑色之前。

在飞机上，他透过舷窗看到下面白色的浮云，在浮云之上，他能看到太阳。这是我们太阳系中心的恒星，它辐射出光和能量。在下面，当云彩飘离的瞬间，他能看到地球——他的行星。

在大部分旅途中，奶奶都在睡觉，发出轻轻的呼吸声，好像弗雷迪在打盹时的样子。这时，乔治就会拿出《宇宙用户指南》，开始有关另一次航行的阅读——这次航行不仅越过行星，而且穿过我们整个宇宙。

宇宙用户指南

穿越宇宙的航行

我们现在将要进行穿越宇宙的航行。动身之前，我们必须理解"航行"和"宇宙"这两个术语的含义。"宇宙"这个词在字面上表示存在着的一切东西。然而，天文学史认为宇宙是一系列的发展阶段，在每个阶段，宇宙都似乎变得越来越大。这样我们的"一切东西"的含义也被改变。

当今，大多数宇宙学家接受大爆炸理论。根据该理论，宇宙从大约 140 亿年前的巨大的压缩状态起始，这意味着，我们能看到的最远处是光从大爆炸开始行进过的距离，这就定义了可观察宇宙的尺度。

那么"航行"的含义又是什么呢？首先我们必须区分穿透宇宙的观测和穿越宇宙的旅行。正如我们将要知道的，观测是天文学家所做的，涉及时间的回溯。旅行是宇航员所从事的，涉及空间的穿越。这里还涉及另一种类的航行。因为当我们从地球向可观察的宇宙的边缘旅行时，在本质上，我们是在回顾有关宇宙尺度的人类思想史。现在我将要按顺序讨论这三个旅程。

向时间的过去航行

天文学家接收到的信息是从以光速（每秒 186000 英里）行进的电磁波得到的。那是非常快的，但却是有限的，天文学家通常用等效的光行时间来测量距离。例如光线到达我们这里，从太阳需要几分钟的时间，从最近的恒星需要几年的时间，从最近的星系（仙女座）需要几百万年的时间，还有从最远的星系需要几十亿年的时间。

这意味着当一个人穿越更长的距离时，能够看到更早的过去。比如，如果我们观察 1 千万光年之外的星系，我们看到的它是在 1 千万年之前的光景。因此在这个意义上来说，穿越宇宙的航行不仅是穿越空间的旅途，还是时间回溯的旅行——直接回到大爆炸本身。

宇宙用户指南

实际上，我们并不能观测到大爆炸。早期宇宙是如此之热，形成了一种粒子的雾，因而我们无法看透。随着宇宙膨胀，它冷却下来，大约在大爆炸之后的 40 万年，雾才消散。然而，我们仍然可以在理论上推测在那之前宇宙是什么样子。当我们在时间上回到过去，由于密度大温度高，我们的推测必须依靠高能物理理论。现在我们对宇宙的历史已经有了一个比较完整的图像。

人们可能期望我们逆时间而作的旅行最终会回到大爆炸。然而，科学家正试图去理解创生本身的物理，而能产生我们宇宙的任何机制在原则上也能产生其他的宇宙。例如，有些人相信宇宙经历着膨胀和重新坍缩的循环，宇宙在时间中为我们无限地往复出现。另一些人认为我们的宇宙只不过是散落在空间中的"泡泡"之一。这些都是"多宇宙"设想的变种。

穿越空间的旅行

身体力行地穿越宇宙的航行，由于要花费时间，具有更大的挑战性。爱因斯坦的狭义相对论（1905 年）表明空间飞船不可能比光速旅行得更快。这意味着，它至少要花费 10 万年穿越银河星系，以及 100 亿年穿越宇宙——按照留在地球上的人判断至少是这样。但是狭义相对论还预言了对运动的观测者们时间流逝得较慢，于是对宇航员自身而言，这个旅行则是快得多。的确，如果一个人能以光速来旅行，那么时间根本不会流逝！

宇宙飞船绝不可能与光同速，但是人们仍然可以逐步向这个最大的速度加速；其感受到的时间就会比在地球上短得多。例如，如果一个人以在地球上的引力引起的物体下落的加速度来推进的话，那么穿越银河系的旅程似乎只需要 30 年左右，因此人们可以在其寿命期间回到地球，尽管他的朋友早已故去。如果他继续加速一个世纪，越过银河系，在原则上，他就能够旅行到现在可观察到的宇宙边缘。

爱因斯坦的广义相对论（1915 年）甚至允许更怪异的可能性。例如，有

宇宙用户指南

朝一日，宇航员利用虫洞或者空间翘曲效应——正如在《星际迷航》和其他大众科学幻想系列作品中所说的那样——甚至使得这类航行更快，而且再次回到家园时，朋友都还健在。但这全都是纯理论性的。

穿越人类思想史的航行

对古希腊人来说，地球是宇宙的中心，而行星、太阳以及恒星相对靠近。16世纪，哥白尼指出地球和其他星体围绕着太阳运行（日心说），地心说从而被摧毁了。然而，日心说也未维持很久。几十年后，伽利略利用其新发明的望远镜展示，银河系——当时只作为空中的光带为人们所知——是由大量的类似太阳的恒星组成。这个发现不仅降低了太阳的地位，而且大大扩展了我们所了解的宇宙的尺度。

到了18世纪，人们认为银河系是许多恒星组成的一个盘子（星系），这个盘子由引力束缚在一起。而且大多数天文学家仍然认为银河系组成了整个宇宙，而这个银心说在一定程度上延续到20世纪。1924年，埃德温·哈勃测量了从地球到邻近星系（仙女座）的距离，而且证明了它必须在银河系之外很远的地方。宇宙尺度的再一次扩展！

没过几年，哈勃就获得了几十个邻近星系的数据，这些数据显示所有的这些星系都远离我们而去，其远离的速度与与我们相隔的距离成正比。描述这一场景最简单的方法是把空间本身想象成正在膨胀，正如一个在上面画有星系的正在吹胀的气球表面。这被称为哈勃定律。而现在它已经被证明适用至几百亿光年的距离。在这个区域中包含有几千亿个星系。宇宙尺度的又一次巨大的扩展！

宇心说将此作为宇宙尺度的最后飞跃。这是因为宇宙膨胀意味着，当我们在时间中回到过去，星系就越加靠近，并最终合并在一起。在此之前，其密度只是继续增加——回到140亿年以前（大爆炸）——而我们永远不能看到比

宇宙用户指南

从那时候开始的光旅行的距离更远的地方。然而，最近观测中，我们有了一个有趣的新进展。尽管人们预料宇宙的膨胀由于引力而减速，但现代观测暗示着它实际上是在加速。解释这个的理论提出我们能观察到的宇宙可能是一个大得多的泡泡中的一个部分。而这个泡泡本身可以是许多泡泡中的一个，正如在多宇宙设想中的一样。

下一步是什么？

因此，我们有三个旅程——第一个是在时间中回到过去，第二个是穿越空间，第三个是追溯人类思想史。三个旅程的终点都是一样的：那些不能观测的宇宙，它们只能通过理论来窥视和用我们的头脑来探索！

我想知道明天天文学家将会发现……

伯纳德

飞机着陆后，乔治和奶奶排队通过移民局和海关。埃里克和安妮已在到达区域等候了。当安妮一看到他，就在栏杆的另一面跳跃尖叫。

　　"乔治！"安妮大喊，"乔治！"她弯腰钻过栏杆，抓住他。在他记忆中，她个子没有这么高，脸也没有这么黑。她抱着他，在他耳边低声说道："你能来我真是太高兴了！我不能马上就告诉你，除非我们处于紧急状态！记住，嘘！你什么都别说。"她拉过他的行李车，推着它向埃里克走去。奶奶和乔治紧紧地跟在她身后。

　　乔治见到埃里克吃了一惊。他看起来非常累，黑发中露出几缕白发。埃里克见到乔治时笑了，笑容像过去一样阳光灿烂。

　　打过招呼后，奶奶和埃里克握握手，让他在自己的笔记本写下一些信息。她递给埃里克一个信封，上面写着乔治紧急事故专款，又拥抱孙子。对安妮咧嘴笑着，然后就去见来机场接她的朋友们。她对乔治说过："我过去认识的一帮狐朋狗友，现在就住在埃里克和苏珊附近。有机会重新顽皮捣蛋一阵子，真好。"

　　然而，那些来接奶奶的人看起来都很老，颤颤巍巍的，乔治难以想象他们也曾年轻，更不用说探险了。她蹒跚地和她的朋友走远了，看着她离去的身影，乔治的心抽搐了一下。美国看来挺大、挺生气勃勃的——一切都比家里有声有色且更开阔。突然，一阵思乡之情像潮水般向他袭来，但并未持续很久。

　　一个戴着厚厚眼镜，头发梳得很奇特的小男孩从埃里克背后钻了出来。

　　他郑重其事地说："你好，乔治。"接着，他厌恶地瞥了安妮一眼，说道："安妮已经告诉我你的一切。我一直期盼着与你见面。看

来你是个最有趣的人。"

安妮怒气冲冲地说:"走开,艾米特,乔治是我的朋友,他是来看我的,不是来看你的。"

安妮正对着艾米特怒目而视,而艾米特则噘起嘴看着别处。埃里克很冷静地对乔治说:"乔治,这位是艾米特,他是我一个朋友的儿子。今夏艾米特要和我们住一段时间。"

"他更可能是厄运之子。"安妮凑到乔治耳边说道。

艾米特偷偷溜到乔治的另一边,对着他的另一只耳朵"嘶嘶"地说道:"这个女孩具有人的特点,但完全是个傻瓜。"

"你大概能看出,"埃里克继续轻声说道,"这两位有过小吵小闹。"

安妮对艾米特发怒了:"我告诉过你,别动我的可动玩偶!现在它只能说克林贡语[1]。"

艾米特轻声颤抖地说:"我没要她给我剃头,现在我看起来很傻。"

安妮嘟囔着:"以前你就看着够傻的。"

"说克林贡语也比你这种垃圾女孩好。"艾米特反驳着。他的大眼睛由于眼镜的放大,显得特别亮。

"乔治刚刚经过长途旅行,"埃里克坚定地说,"因此我们要带他上车回家。每个人都要友善地对待他人,你们听到我说的吗?"他的话听起来蛮严肃的。

---

1 克林贡语是一种人造语言,这套语言是为了 20 世纪末期美国著名的科幻电影《星际迷航》而发明的。——编者注

"是！"乔治道。

"乔治，你没问题，"埃里克说，"你总是善待他人，我担心的是另外两个。"

第四章

　　埃里克开车带他们来到一座大白木屋前，他的家就在那里。阳光从完美的蓝天上直射而下，乔治一出汽车就感到一股热气从地面升起，扑面而来。安妮把他拉出车。"快点，"她说，"我们有事要做，跟我来。"此刻埃里克正把乔治的行李从后备箱里拿出来。她带他绕到房子的后面，那里有棵大树，阴影遮住了阳台和阳台上的桌椅。

　　"到树上来！"安妮指示他，"这是我们唯一能说话的地方！"她爬上一枝垂悬的大树枝，乔治慢慢地跟在她后面爬上来。苏珊手里端着一个盘子走出阳台，站到树下，艾米特紧贴在她身后。

　　"哈罗，乔治！"她朝着树上叫道："很高兴见到你！——其实我看不到你。"

　　乔治回喊着："哈罗，苏珊，谢谢你邀请我。"

　　"安妮，你不觉得乔治可能想休息一会儿吗？经过长途旅行，他不想吃点喝点儿吗？"

　　安妮说："拿到树上来吧。"她从薄薄的绿白相杂的叶丛里伸出头，向下伸长胳膊，抓起一个饮料盒，把它递给乔治，然后又抓了一把饼干。

"好了，我们现在都好了！"她说道，"再见，其他的人闪开吧！"

艾米特还站在那里，渴望地向上看着大树。

"艾米特可以上来和你们一起玩吗？"苏珊问道。

安妮说："甭想！他可能会从树上掉下来，损坏他的脑细胞。他最好待在地面上，那里比较安全。再见，伙计们！乔治和我忙着呢。"

安妮和乔治在树上，听到苏珊叹了口气，又见她搬了把椅子放在树下，并对艾米特说："为什么你不坐在这里？我肯定他们不久就会下来的。"

艾米特小声地抽泣着，他们又听到苏珊正在安慰他。

"别理他，他完全是一个爱哭的孩子！"安妮对乔治耳语道，"不要觉得对不住他——那可是有害的。就在你表现出软弱的那一刻，

他就会来个突然袭击。第一次他哭，我感到抱歉，但他咬我。我妈感情太柔弱，她就是看不出来。"

苏珊向屋里走去，脚步声渐渐远去。

"好了，抓住这根大树枝，"安妮命令道，"以防万一，在我跟你说事时，我怕你会太吃惊而晕过去。"

"什么事？"乔治道。

"非常惊人的消息！"安妮说，"会让你极度吃惊。"安妮期待地看着他。

"那么就告诉我吧。"乔治耐心地说。

"嗯，你先保证不会把我想成疯子。"

"嗯，我确实想过你已经疯了，"乔治承认着，"因此那不会改变什么。"

安妮用没抓着树枝的那只手打了他一下。

"哎哟！"他笑了，"很疼呀。"

　　"乔治，你没事吧？"有人在下面小声地问，"你需要防御背信者的欺负吗？她可是非常邪恶的。"

　　安妮回击道："闭嘴！艾米特，别再偷听我们说话。"

　　艾米特高声哀号着："我不想听，不是我的错，是你们把无用的振动流送入大气。"

　　"那么就到别处去！"安妮喊道。

　　"不！"艾米特固执地说，"我就要待在这里，乔治万一需要我超级智慧的帮助呢。我不要他把他的宽带浪费在你这个初级通信上。"

　　安妮对着天空翻了翻白眼，叹了口气，慢慢地沿着树枝靠近乔治，对他耳语道："我得到来自外星人的口信。"

　　"外星人？"乔治大叫，忘掉了艾米特就在下面。"你得到来自外星人的口信？"

　　"嘘！"安妮匆忙说，可是已经太晚了。

　　"这个小雌性类人动物真的相信外星人竟能通过如此浩渺的空

间发出信息，并专门挑了她来接收信息吗？"艾米特站起来，朝着树上说道，"根本没有外星人。现在我们还不能证明宇宙中有另外一种智慧生命形态存在。我们只能计算某些行星上具有适合细菌形态生命存在条件的概率。那些生命可能具有近似安妮的智商，也许还高一些。我可以为你计算智慧生命的概率，如果你想要的话，应用德雷克方程。"

"嗯，谢谢你，艾米特教授，"安妮说，"你的诺贝尔奖正在邮寄途中。那么现在你这细菌就滚开，去找你的同类混混！实际上，乔治，地球上也有外星人，艾米特就是其中之一。"

乔治急切地说："不，不，言归正传，你已经得到外星人的口信？在哪里，怎么得来的，到底说了些什么？"

"他们送来的文本说要把她在 2100 小时的时间内运送到外星人母船上去，"艾米特说，"我们乐观其成。"

"闭嘴！艾米特，"这次乔治都感到烦了，"我要听安妮说什么。"

安妮说："好吧，这是独家新闻！肃静，朋友们和外星人们，准备着大吃一惊吧。"

艾米特在树下紧紧抱住大树，试图更靠近他们。

乔治笑道："我已经准备好了，安妮特工，说吧。"

"我的奇异故事始于一个普通的夜晚，"安妮开始说了，"在这个星球的历史上，一直还没有人能首次听到外星人的声音。"

"我，我的家人……"安妮郑重地继续着。

"还有我呢！"艾米特在树下尖叫着。

她补充道："还有他，刚刚观看了一个机器人在火星上着陆后返回，犹如你们家人每天外出似的，毫无特别之处。除了……"

德雷克方程

德雷克方程不是真正的方程，而是一系列问题，这些问题能够帮助我们求出在我们的星系中，可能存在多少个具有交流能力的智慧文明。1961 年，该方程由美国外星人研究所（SETI）的弗兰克·德雷克博士提出，直到今天仍然被科学家采用。

德雷克方程如下：

$$N=N^* \times f_p \times n_e \times f_l \times f_i \times f_c \times L$$

N^* 代表银河系中每年诞生的新恒星数目。

问题：在银河系中恒星诞生率是多少？

答：我们银河系大约有 120 亿年年龄，而且大约含有 3000 亿颗恒星。平均说来，恒星的诞生率是 3000 亿 ÷120 亿 = 每年 25 颗恒星。

f_p 是有行星围绕其转动的恒星在全部恒星中所占的百分比。

问题：拥有行星系统的恒星所占的百分比是多少？

答：现在估计的范围是 20% ～ 70%。

n_e 是每个恒星所拥有的能够维持生命的行星数目。

问题：对于每个拥有行星系统的恒星而言，有多少个行星能够维持生命？

答：现在估计的范围是从 0.5 到 5。

f_l 是在 **n_e** 颗行星中有生命进化的行星所占的百分比。

问题：在能够维持生命的行星中，真正有生命在进化的行星的百分比是多少？

德雷克方程

答：现在的估计范围是从 100%（在那里生命可以进化，或将能进化）直到接近 0%。

f_i 是有生命存在的行星中，有智慧生命进化的行星所占的百分比。

问题：在有生命进化的行星中，有智慧生命进化的行星所占的百分比是多少？

答：估计的范围从 100%（智慧生命具有存活的优势，并肯定要进化。）直到接近 0%。

f_c 是有智慧生命且其能进行星际通信的行星所占的百分比。

问题：有通信手段和愿望的智慧族群在全部智慧生命中所占的百分比是多少？

答：10% ～ 20%。

L 是能够通信的文明继续通信的平均年数。

问题：能够通信的文明可以存续多长时间？

答：这问题是其中最难回答的。以我们地球为例，我们使用无线电波通信还不到 100 年。我们这种文明将继续用这种方法通信多久？我们会在几年内自毁吗？或者我们将能克服自己的问题，存活 1 万年，或更长的时间？

当所有这些变量都乘在一起，我们就得到：

$$N = \text{银河系中正在通信的文明的数目}$$

几周前，埃里克、苏妮、安妮和艾米特去全球空间部观看一种新型机器人在火星那颗红色星球上着陆。名为"荷马"号的机器人向火星行进，历时 9 个月，飞过 4.23 亿英里。空间部曾送去许多机器人到火星上探险，"荷马"号是最近送去的一个。

　　埃里克为"荷马"号着陆而非常激动，因为他在航天舱内放了一个特别的装置，这装置有助于去弄清，火星这颗距离我们最近的行星上究竟是否有过生命。"荷马"号将用它长臂顶端的特别的小勺探测水，还将透过火星冰面搜索并抓起一把泥土，将泥土放入特别的烤箱烤热。当"荷马"号将土壤标本加热时，他就能发现火星上寒冷的不毛之地，是否在更温暖更潮湿的过去曾经流过水。

　　埃里克曾经告诉过孩子们："就像从我们的地球上知道的那样，哪里有水，哪里就有生命。"

　　甚至更重要的是，"荷马"号将要协助执行一个火星计划，那个计划是将人类送到一个新的行星上去。自古以来，这还是头一次，全球空间部正为发射探测火星的载人飞船做准备，看看那里是否可成为我们的一个侨居地。

因此"荷马"号很要紧，不仅仅是因为它很昂贵，它还有很高档的设备，或用安妮的话来说，它照相机的小泡泡眼、棍子腿和圆溜溜的肚子、肚子上的烤炉，看起来很有品位。

"荷马"号在火星上着陆事关重大，因为这是人类进入空间的第一步——"荷马"号是整个新型的空间探测任务的领先者，而这任务可能带领人类去另一个星球上生活。

在"荷马"号降落在这颗红色星球上的那一天，他们站在一间很大的圆形控制室里，里面尽是计算机和工作人员。人们急切地阅读着屏幕上的信息。"荷马"号一边行进，一边将信号传回地球。这些信号传回全球空间部时是代码，地球上的计算机再将代码转换为数字和图像。因传递信号至地球需要时间，在控制室里，现在他们只能发现已经在火星上发生过的情况。"荷马"号着陆了，还是撞毁了？他们要等一会儿才知道。

当"荷马"号临近火星时，安妮和艾米特正盯着头顶上的屏幕，观看正在发生事件的动画。房间里气氛并不轻松，一群人很紧张地站在那里，希望他们的机器人能够成功地开始它的使命。

埃里克解释道，登陆火星是很困难的，火星的大气层很薄，这意味着它不能提供地球大气对返回地球时的飞船的那种自然制动。这还意味着"荷马"号将以极快的速度猛冲到火星表面，只希望探测器所有系统能正常工作，协助它减速；否则很可能撞毁，结果是变为一堆在几百万英里之外的破碎零件，没人能修复它。

当"荷马"号临近火星大气层时，每个人都全神贯注地盯着屏幕。电子钟在计算"荷马"号在太空中已度过的时间，钟上另一时间展示世界时间，这套计时系统用来协调所有空间机构的工作。

机器人空间旅行

一个机器人空间探测器是一个由科学家送入太阳系旅行的自动航天器，其目的是更多地收集我们宇宙中邻居的信息。机器人的空间任务是获取一些诸如此类的特定信息："金星的表面是什么样的？""海王星上风很大吗？""木星是由什么组成的？"

尽管机器人空间探测器不如载人航天飞行那么迷人，但它们却具有若干大的优势：

1. 机器人可以旅行很远的距离，比宇航员旅行的距离更远，速度更快。犹如载人航天飞行，它们也需要能源——多数使用太阳能电池板将阳光转化为能源，但另外一些旅行至远离太阳的地方，它们携带自己的能源发生器。然而，由于空间机器人不必在旅途维持舒适的生活环境，它们所需的能源远远少于载人飞船。

2. 机器人也不需要食品和水，不需要供呼吸的氧气，因此它们比载人飞船更小更轻。

3. 机器人不会感到乏味或思乡，或者在旅途中生病。

4. 如果发生事故，不会丧失生命。

5. 空间机器人的制作成本远远少于载人飞船，而且一旦任务完成并不想回家。

空间探测器为我们打开了太阳系之奇观，它传回的信息使科学家能够更进一步了解太阳系的构成，以及其他的行星上的情形。当人类迄今只能够旅行到月球那么远——登月旅行平均距离为 378000 千米（235000 英里），而空间探测器则能够旅行几十亿千米，向我们展示太阳系最远处非常详尽的图像。

事实上，在人类登月之前，已经有 30 个空间探测器到达月球！现在空间探测器已经被送往我们太阳系所有的其他星球，已能捕捉到彗尾上拖带的尘埃，成功地登上了火星和金星，并且远远超出冥王星之外。一些空间探测器甚至携带有关我们的星球和人类的资料。空间探测器"拓荒者"1 号和 2 号上携带了刻有一个男人和一个女人人像以及地图的饰板，以此显示它们来自何处。

机器人空间旅行

当"拓荒者"们旅行至太空深处，可能有朝一日能碰到外星文明。

"旅行者"探测器不但携带地球上的城市风景和人类的照片，而且携带地球上以多种不同语言问候的录音。其他文明有可能捕捉到这些空间探测器。这些探测器携带的信息能确保那些试图解码的外星人相信我们是和平的行星，并且向我们宇宙中所有的其他生命致以良好的祝愿。

现在我们已有了不同类型的空间探测器，特殊使命的探测器根据它试图解决的问题而定。有一类探测器飞掠过行星，在它们漫长的旅途中经过数颗行星时，为我们拍摄照片，另一类探测器在某个特别的轨道上围绕着行星飞行，以获得更多的有关那个行星及其卫星的资料。还有一类探测器是用来着陆并在另一个星球表面上传回资料的。其中的一些可以漫步，另一些一旦着陆就固定不动。

> 第一台月行车是苏联太空探测器，"月神"17 号的一部分。这个探测器于 1970 年登上月球。月行车非常类似地球的远程控制汽车，它的方向盘由地球上的人掌控。

美国 NASA 登陆火星计划的"海盗"1 号和 2 号，曾于 1976 年登上这颗红色的星球，并从这颗战神之星表面上给我们送来了第一张照片。这个行星激起地球上人们的好奇心长达千年之久。"海盗"号火星登陆展示了火星上散落着岩石的淡红色和褐色的平原，以及粉红色的天空，甚至冬天地面上的霜冰。可惜的是，登陆火星是非常困难的，好几个发送至这颗红色行星表面的探测器都撞毁了。

火星登陆计划后来送去的"漫游者"为"精神"号和"机会"号。它们被设计成至少能自动驾驶 3 个月，能够走得远得多，它们也如以前所有的空间探测器，找到火星上因水的存在而造成的痕迹。2007 年，美国 NASA 实现了"凤凰"号火星登陆计划。"凤凰"号不能自动在火星上行驶，但它却带有一只能够挖掘土壤并收集样本的机械手。在船上，它还有可以检验土壤样本的实验

机器人空间旅行

室，从而获得土壤中的成分。火星还有 3 颗可操作的绕其旋转的人造卫星——"火星奥德赛"号，"火星快车"号和"火星侦察"号，它们向我们展示了火星表面的细节。

机器人空间探测器也向我们展示过地狱般的世界，那是深藏于金星厚厚的大气层之下的。人们一度以为金星云层之下可能是浓密的热带雨林，但空间探测器显示那里是高温，浓烈的二氧化碳大气层以及深褐色硫酸云。1990 年，美国 NASA 的"麦哲伦"号开始绕金星轨道飞行。利用雷达穿透大气层，"麦哲伦"号绘制出金星表面地图，并且发现其中 167 座火山宽于 70 英里。自 2006 年开始，欧洲航天局的"金星快车"号已经开始沿金星轨道飞行。任务是研究金星大气层，试图找出为何地球和金星的演化方式是如此的不同。还有若干登陆的空间探测器已经从金星表面上送回了资料，能够登上如此不友善的行星已是极大的成功。

机器人空间探测器已经能够勇敢地面对被烤焦的水星世界了，这个星体距离太阳甚至比金星还近。1974 年"水手"10 号飞越水星，1975 年它再次飞越，展示了这颗光秃秃的小行星很像月球。它是一颗灰色的已经死去的行星，只有很少的大气层。2008 年，"信使"航天计划向水星又发出一个空间探测器，并且发回了 30 年来第一张来自那颗距离太阳最近行星的照片。

对于一个机器人空间探测器而言，飞近太阳是巨大的挑战。然而，被送往太阳的"太阳神"1 号、2 号、"苏活"号、"追踪"号高能太阳分光镜成像卫星以及其他的空间探测器都已经传回资料。这些资料有助于科学家更好地理解我们太阳系中心的那颗恒星。

此外，1973 年空间探测器"拓荒者"10 号飞越木星，首次近距离观看了这颗行星的面目。"拓荒者"1 号拍摄的照片也展示了巨大的红斑——在地球上，通过天文望远镜里看到那块红斑已有好几个世纪了。"拓荒者"之后，"漫游者"号空间探测器送回了木星卫星的令人惊奇的信息。多亏"航海者"号空

机器人空间旅行

间探测器，地球上的科学家已经知悉木星卫星各不相同。1995年"伽利略"号空间探测器到达木星，在这个巨大的气体行星及其卫星上进行了8年的考察。"伽利略"号是第一个掠过小行星的空间探测器，它首次发现一颗带有卫星的小行星，并首次长期测量木星。这个神奇的空间探测器也展示了木星卫星木卫一上的火山活动，还发现木卫二被厚厚的冰层覆盖，冰层之下可能躺着一片巨大的海洋，其中甚至可能隐藏着一些有生命形态的物质！

> 美国NASA"卡西尼"太空船并非是第一个拜访土星的，在它之前，"拓荒者"11号和"漫游者"都曾在其漫长的旅行中飞越土星并传回土星环的细节图像，还传回更多的土卫六厚厚大气层的资料。而"卡西尼"探测器经过7年旅行到达土星后，更多地向我们展示了土星及围绕它的卫星的面貌。"卡西尼"还放出一个探测舱，那是欧洲航天局"惠更斯"号，它飞越厚厚的大气层着陆于土卫六的表面。"惠更斯"号发现土卫六的表面覆盖了厚冰，甲烷雨自稠密的云层降下。

"漫游者"2号甚至进一步远离地球，飞越过天王星，照片显示那颗结冰星球的轴线向着公转轨道而倾斜。感谢"漫游者"2号，我们得知了更多有关围绕着天王星的细环的情况，这些环与围绕土星的环差异很大，我们还得知了天王星的卫星的其他细节。"漫游者"2号继续对海王星进行探测，揭示出那是一颗多风的星——在太阳系中，海王星上的风暴风速最快。目前"漫游者"2号距离地球100亿英里，而"漫游者"1号距离我们110亿英里。直到2020年，它们都应该能与我们保持联系。

星尘空间计划——一个空间探测器能够捕到彗星尾巴上拖带的微粒，并且在2006年将这些微粒送回地球——这个计划教给我们太多有关非常早期太阳系的知识。那些彗星形成于太阳系中心，却旅行至太阳系非常边缘的区域。掌握这些来自彗星样品有助于科学家更加理解太阳系的起源。

　　"我们正在观察制动电子差速系统。"一个面容严肃的戴着安全头盔的男人喊道。

　　"那是什么？"安妮问。

　　"进入，下降，着陆，"艾米特以略为高傲的声调告诉她，"真的，安妮，我想，在我们来这里之前，你应该已经阅读过一些有关的材料，获得了尽量多的知识。"

　　作为回答，安妮结结实实地踩了他一脚。

　　"哎哟！哎哟！苏珊！"他喊起来，"她又欺负我。"

　　苏珊狠狠地看了女儿一眼。安妮悄悄地离开艾米特，走到爸爸身旁，把手放在爸爸的手里，而他正咬着嘴唇皱着眉头。

　　"你认为'荷马'号已经着陆了吗？"安妮悄声问。

　　"但愿如此，"他说，笑着低头看着她，"它虽然是一个机器人，但可以送给我们很有用的信息。"

　　"进入大气！"控制员说道。

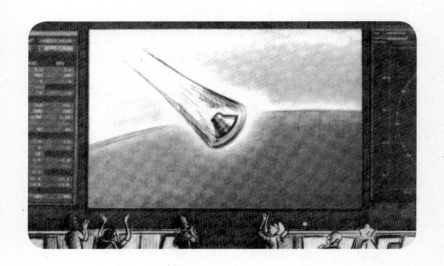

　　当形状有点像头尾颠倒的自旋陀螺的"荷马"号冲破火星大气，他们看到一束非常明亮的火焰从尾巴喷发出来。房间里爆发出一阵掌声。

　　"在 1 分 40 秒内达到了最高加热速率，"控制员警告道，"可能是等离子体黑障。"房间里气氛顿时紧张起来，似乎每个人都屏住了呼吸。

　　"是等离子体黑障！"控制员说，"我们有了一次等离子体黑障。期望 2 分钟之后信号恢复。"

　　安妮紧紧地握住爸爸的手，爸爸也回握她的手。"别担心，"他说，"我们知道这类情况时有发生——这是由于大气层摩擦力引起的。"

　　房间里每个人都盯着墙上的挂钟，分分秒秒在"滴答"声中溜走，大家都在等待着恢复联络。2 分钟过去了，3 分钟，4 分钟。人

们的焦虑情绪逐渐上升，开始嘀嘀咕咕。

"我们还未接收到'荷马'号的信号。"控制员道。屏幕显示"荷马"号已经停止下降。"我们失去了'荷马'号的信号！"控制员说。红灯开始在房间四周闪耀。

"怎么回事？"安妮小声问。

爸爸摇摇头，"现在我特担心，"他回答，"'荷马'号的通信系统可能在进入大气层时被高温熔化了。"

"那是否意味着'荷马'号死了？"艾米特大声问，好几个人转过身对他怒目而视。

控制员摘下眼镜，悲伤地抹抹眼睛。如果"荷马"号失去通信系统，那他们就无法得知聪明的机器人的状况。机器人可能会在火星上发现生命的证据，但因为它永远无法将信号送出告诉地球上的人，后者也就永远不会获知这些证据。

"火星监视卫星显示不出'荷马'号的轨迹！"有人叫起来，显然他们开始有点慌张了。"监视卫星无法确定'荷马'号所在。'荷马'号已从所有的系统中失踪。"

但就在那时，也就是失去信号几秒之后，"荷马"号又回来了。"我们有了信号！"有个人惊叫道，这时他的电脑刚刚恢复过来。"'荷马'号正在接近火星表面。'荷马'号正打开降落伞。"

在电视屏幕上，人们看到一个降落伞正从"荷马"号的后部扬起，一个小小的机器人摇摆着登上火星表面。

"'荷马'号已经准备好着陆架。'荷马'号已经登陆了！'荷马'号抵达火星北极地区。"

人们欢呼起来，但埃里克仍未出声，他看起来有些困惑。

"都好了，不是吗？"安妮对他耳语道，"'荷马'号没事了。"

"是好了，但有些怪怪的。"埃里克皱着眉头说，"我看不太对头。为什么'荷马'号这么久都完全没有信号，然后又有了信号？而且为什么监视卫星无法显示它？好像失踪了好几分钟。这实在太离奇了。我想知道此刻正在发生什么事情……"

乔治靠在一个大树杈上说："那么，这和外星人有什么相干？"

艾米特在下面说："不相干。她没有意识到这不过是正常的技术故障，就在这里小题大作了。"

安妮黑着脸说："那是因为你根本不知道故事结局，不知道后来发生了什么事情。"

"什么？"艾米特问道，"后来发生了什么事情？"

安妮傲慢地说："这个故事可不是说给小屁孩儿和鬼鬼祟祟的家伙听的，这是大孩子听的故事，所以你干吗不进屋去写你的程序，我好和我朋友说话。"

"你真能吗？"乔治问艾米特，"你真能写计算机程序？"

"是呀！"艾米特热情地回答，"在一台电脑上，我可以做你需要的任何东西。我是电脑程序奇才。几个月前，我曾向一家软件公司申请工作——我曾写过一个宇宙飞船模拟器程序，我给他们送去这些有关材料后，他们打算给我一份工作，结果发现我才 9 岁，这才作罢。"

"这么说你擅长写电脑程序喽？"乔治说。

"是啊，"艾米特很高兴地回答，"如果你愿意的话，可以试试我那个模拟器。它会向你展示乘坐宇宙飞船升空的状况。那可是真酷。

如果你告诉我有关外星人的故事，我也可以让你们两人一起玩。"

正当乔治寻思自己倒是希望试一试时，安妮大喝道："我们才不要呢，走开！"

苏珊和埃里克下到阳台上，树下的艾米特"哇"的一声哭了起来。

"待在树上的时间已到，"苏珊说，"你们三个进屋来吃晚饭。"

第五章

经过长途旅行，乔治感到很累了，他刷牙时都几乎睡着了。他蹒跚地走进他和艾米特的卧室，只见艾米特正在模拟器上发射飞船，而且把电脑周围弄得乱糟糟的。

"嗨，乔治，"见到乔治进来，艾米特说，"你要发射这艘飞船吗？瞧，就这样。我把所有的时间指令放在这里，然后它就会告知将发生什么。"

"T 减 7 分 30 秒，"一个机器人的声音从艾米特的电脑里传出，"人造卫星磁头臂收回。"

乔治困得几乎说不出话来，含含糊糊地嘟哝着："不，艾米特，我想我只要……"结果就在航天飞船发射倒计时时睡着了。

飞船发射的指令一定像虫子似的钻进了乔治的脑子里，他做了一个奇怪的梦。梦见自己坐在航天飞船机长席上，负责驾驶巨大的宇宙飞船进入太空。飞船好像被绑在巨大火箭的顶端，很快就升上了天空。又过了不久，他们就飞入黑暗的太空了，他觉得通过飞船舷窗看到了无数星星，它们看上去都很亮很近。其中的一颗似乎急速地朝他移动，光亮直接照射在他的脸上，越来越近，越来越亮——

他突然惊醒，发现自己睡在一张陌生的床上，有个人拿着手电

筒对着他的脸直射。

"乔治！"一个人影低声地说，"乔治！起来！有紧急情况。"

那是穿着睡衣的安妮。

"啊！"乔治叫道，她掀掉他的羽绒被，拖着他，而他还在用手掌护着强光下的眼睛。

"到楼下去，"她说，"要特别安静。这是我们唯一摆脱艾米特的机会！快点！"

乔治踉踉跄跄地跟在她身后走，脑子还回味着那奇特的飞入太空的梦境而昏昏沉沉。他踮着脚走下楼梯来到厨房，安妮已经把门打开，带他来到外面的阳台上。她把手电光照在一张纸上。

这张纸画满了画。正是这个样子：

"这就是了？"乔治眨着眼睛问道，"这是外星人的信息？他们把这个写在练习本的纸页上发送给你的？"

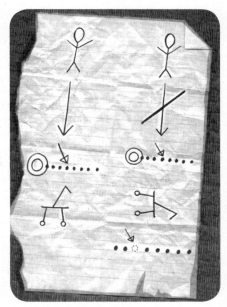

安妮回答说："不是，傻瓜，他们当然没那么做。我是从 Cosmos 那里得到的！从它的屏幕上复制下来的。"

"Cosmos ？"乔治惊呼，"它不是已经不工作了吗？"

安妮说："我知道，但我的故事还没说完呢。"

在"荷马"号登陆火星

后，这个机器人应该开始做各种各样聪明的活计，如测报火星天气，在泥土样本里找水以及火星上可能存在的某些细菌生命形式的痕迹。

但它并没有做任何一件类似的事。这个机器人好像疯了。它拒绝回应任何地球发去的指令，只是在那里转圈或者把满满一铲斗的泥土撒向空中。

即使它并不回应他们的信号，"荷马"号继续输送信息，结果那些信息变为它的外胎和其他无用信息的图像。从地球上，他们可以看到机器人——但仅仅是间或地——通过围绕火星轨道的监视卫星传回图像。安妮说，有一次，她爸爸一直盯着"荷马"号，从卫星图像上捕捉到一些十分怪异的东西。安妮爸爸说，如果他不是懂得更多，他可以起誓"荷马"号是在向他挥手。好像"荷马"号正试图引起他的注意。

安妮说，这一切使爸爸真的很紧张。很多人都想知道"荷马"号在火星上发现了什么，它正在干什么。但直到此刻，除了看到机器人傻傻的表现之外，他们一无所知。

全球空间部处于尴尬境地。"荷马"号是一个极为昂贵的机器人，制

造、升空以及操控它花费了大量人力物力。由于它的意义在于宣传人类走出地球到其他星球上生活的途径，它就是新空间计划的一个重要组成部分。因此如果它不能正常工作，也就意味着，不赞同空间计划或者反对将宇航员送入太空的人们可以反驳说，这一切浪费了大量的时间和金钱。

"荷马"号的不良行为也意味着，埃里克不能获取他曾希望得到的火星存在生命的信息。看到他的机器人在那颗红色的星球上乱转，他的心碎了。他一天天地越来越悲伤。如果"荷马"号不能很快地合作，这个计划就会被放弃，而那个机器人将只是遥远星球上的一堆废铁。

安妮不忍看到这种状况。当期待接收"荷马"号的发现成果时，她爸曾是那么激动和快乐。她不愿看到爸爸这么苦恼。因此构想出

一个很棒的办法：她决定要让 Cosmos 重新工作，于是想先试试能否使它再次工作。

当他们走到屋外，在星光灿烂的夜空下，她对乔治说："我想，如果我们有 Cosmos 帮助，那么，只需赶到火星上去，很快清理好机器人后就回来，可以做到无人知道。如果我们上去时，监视卫星正在火星的另一面，那么也没人能看到我们。我的意思是，我们必须十分小心，不留下脚印或其他任何痕迹，就不会有人知道，否则就会惹出大祸了。"

"嗯，"乔治回应说，他神情恍惚，仍然想着自己怪异的梦，"那么你做了什么？"

"我把 Cosmos 从密藏处取了出来。"

"如果你都知道的话，那就不是秘密了。"乔治说。

"然后，"安妮不理会乔治的问题，继续说，"我把它启动了。"

"它真能工作？"乔治此时才睡意全无。

安妮承认道："没有，至少，大概有好几秒，它什么都没说。不过这是我在它的屏幕上看到的。"她向乔治晃晃手中的纸片，继续说道："老实说，就是这个。就是这个信息——我查了一下发送者的身份，它说是'未知'。信息发送地点是'地球外的'。然后 Cosmos 就死了，我再也无法启动它了。"

"哇！"乔治说，"你告诉你爸了吗？"

"当然告诉了，"安妮说，"后来他试图启动 Cosmos，但不成功。我把这个信息给他看，但他不相信我。"她撇撇嘴，继续说道，"他说我在编故事。但是我确信'荷马'号真的向我们招手，它要告诉我们一些事。但我爸坚持说'荷马'号没有工作，因为他进入大气层时受损，那个信息——如果真的是 Cosmos 收到的——根本只是 Cosmos 损坏而引起的幻觉。"

乔治评论道："但那真够让他烦的吧。"

安妮坦诚地说："不，他只是一个科学家。就像艾米特所说的，很多人相信那里只存在细菌形态，并没有真的外星人。但我想……"

"你想什么？"乔治问，并仰望着星空。

安妮肯定地说："我想，那里可能有什么人想和我们联络。我想有人利用'荷马'号来吸引我们注意，但是我们又置之不理，所以他们就改传信息给我们。只是因为 Cosmos 坏了，所以我们无法获取。"

"那么我们应该怎么办？"

"我们必须到那里去，"安妮说，"我们要自己去看看，但首先我们要修好 Cosmos。我们需要知道外星人是否还在发送更多的信息。然后，我们应该传一个信息回去……"

"我们怎么做呢？"乔治问道，"我的意思是我们怎样才能送出让他们能够明白的信息？而且即使我们知道怎么把口信传给他们，我们该说什么？用什么语言？他们传来的是图像——那肯定是他们不知道怎么和我们说话。"

"我想我们要说，别碰我们可爱的机器人，你们这些烦人的外星人！"安妮说，她看起来很凶，"你们不应对我们的文明捣乱！去找别的文明吧！"

"但我们要知道他们是谁，来自何处，"乔治反对道，"我们不能只说（滚开，外星人）而永远不知道是谁送的口信。"

"那么，和平地来，然后回家去怎么样？"安妮说，"那么我们发现了他们是谁，但如果他们怀有邪恶的企图，我们不许他们进入地球。"

"是吗？"乔治说，"谁能阻止他们呢？他们可能在这里着陆，可

能有巨大得可怕的机器，把我们碾在泥土里，正如我们对待蚂蚁那样。"

"或者，"安妮说，她的眼睛在手电筒光线中闪烁着，"他们可能特别小，好像在显微镜下蠕动的细菌。他们只看到我们有多么巨大，这样当他们来到时，我们甚至都没注意到。"

乔治残忍地说："他们可能有14个头，流着黏糊糊的口水，我们得当心了！"

他们听到"嘎吱"的响声，接着楼梯上就传来脚步声。视线模糊的埃里克走出屋子来到阳台上。

"这里发生了什么事？"他颇不高兴地问。

安妮很快地答道："因为时差，乔治睡不着觉。因此我就给他一杯水。"

"嗯，"埃里克说，他满头乱发。"现在你们两个都上楼去。"

乔治顺手拿了安妮的手电筒，溜回他和艾米特共用的房间，跳上床去，但却睡不着。此时他非常清醒，于是摸出他那本《宇宙用户指南》翻到"接触外星人"那一章。

宇宙用户指南

接触外星人

如果真有外星人，我们究竟能和他们相会吗？

星际间的距离是令人震惊的遥远，因此至今我们仍不能确定未来某日我们可以和外星人面对面地接触（假定外星人有脸的话！）。但即使外星人永远不会来访或受访于我们，我们还有可能互相了解，甚至还可能交谈。

互相了解的一种方式是通过无线电设备。不像声音，无线电波可以穿越星际空间，它们以光速，以最快的速度移动。

大概 50 年前，一些科学家解决了如何从一个恒星系统传输信号到另一个恒星系统的问题。令他们吃惊的是，星际间交谈并不像我们从某些科幻片中看到的那样需要特别高深的技术。我们如今能够建造的这类无线电设备就可能从一个太阳系输送信号到另一个恒星系。因此科学家离开黑板，对自己说，如果是这么容易，那么无论外星人可能做什么，他们肯定会使用无线设备进行长距离通信。科学家意识到，我们将一些巨大的天线指向天空，看看能否捕捉到一些外星来的信息，就是完全合乎逻辑的。毕竟捕捉到外星人的广播立刻就能证明他们的存在，不必为寻找有居民的星球而花费人力物力送机器人去遥远的恒星系统了。

不幸的是，这被称为"SETI"（寻找外星智慧）的外星窃听实验至今未能从太空中发现任何真正的只言片语。不管我们向何处查看，除却类星体（一些星系搅动着的高能量中心）或脉冲星（高速旋转的中子星）引起的恒定信号，无线频道都是令人沮丧的毫无声息。

这是否意味着能够开发无线发射机的智慧外星人不存在呢？因为我们的银河系肯定至少有万亿个行星，而宇宙有 1000 亿个其他星系，如果不存在外星人，那将是非常惊人的发现。如果没有外星人，那我们将是极为特殊，并且是恐怖的孤独了。

好啦，窃听外星人实验的研究人员将向你表明，现在下结论说我们在这些

宇宙用户指南

恒星中没有任何同伴还为时过早。毕竟，如果你打算收听外星人的广播，你的天线不仅要指向正确的方向，而且还要调节到正确的频道，不但需要一个非常灵敏的接收器，还得在适当的时间收听。窃听外星人实验犹如没有地图而寻找埋藏的宝贝。因此至今我们什么都没收到也就毫不奇怪了。这就好比在南太平洋的岛屿上，我们在海边挖了几个洞，除了挖出湿湿的沙子和螃蟹之外一无所获，你不应该立刻就得出找不到宝藏的结论。

幸运的是，新的射电望远镜正加速寻找信号的进程，很可能在未来几十年内，我们能够听到来自另一文明微弱的播音。

他们会对我们说什么呢？嗯，当然我们只能猜测，但有件事是可以肯定的，那就是外星人最好传给我们长的信息，因为快速通信几乎不可能。比如，想象离我们最近的外星人在一个距离我们 1000 光年的恒星的行星上。如果明天我们能接收到他们的信号，那个信号已经经过 1000 年才到达我们这里。那已是很老的口信了，但也没关系。毕竟如果你读索福克勒斯[1]或莎士比亚的著作，那些也是老的信息，但我们还是有兴趣。

然而，如果我们要回应，我们对外星人的答复将要经过 1000 年才能抵达他们那里！还需要花费 1000 年，他们的答复才能返回。换句话说，即使一句简单的"HELLO"，外星人回答："ZORK？"要经过 20 个世纪。因此，尽管用无线电交谈快于乘宇宙飞船去相会问候，这种交谈也会是极为松散的谈话。既然我们认识到我们之间不能进行很多交谈，这也就提示我们，外星人可能会送给我们有关他们以及他们星球的大量的书籍。

但即便他们送给我们外星人百科全书，我们能读懂吗？这毕竟不像电视和电影里的东西好懂，外星人不会流利地说英语或其他的地球上的语言。还有一种可能就是他们送给我们图画甚至数学类的符号，有助于理解他们的信息，但

---

1 索福克勒斯（Sophocles，前 496 年～前 406 年）是古希腊三大悲剧作家之一。——编者注

宇宙用户指南

除非我们接收到信号，否则我们对此一无所知。

    无论他们给我们传来什么，检测到来自遥远世界的长而尖锐的叫声都将是一个大新闻。的确，想象一下，那类似于 5 世纪之前，探险家们首次发现整个大陆的存在，那里住满居民，是欧洲完全不知道的世界。发现新世界改变了一切。

    如今，我们用铝和钢铁制造的巨大天线取代了早期那些探险家的木制航船。不久的某日，他们可能告诉我们一些极为有趣的事情，也就是在浩渺的太空里，观看宇宙的并不只是人类。
    而今天的年轻人可能是在聆听并回答的人。那也许正是你。

塞思

第六章

次日吃早餐时，乔治感觉眼皮十分沉重，这正是他平时吃午饭的时间，而此刻却在吃早餐，多少有几分令人困惑。然而，什么都比不上昨晚安妮向他透露的消息。他不理解她告诉过他的东西。

以前有一回他并不相信她的话：他们初次见面，她告诉他自己曾环绕太阳系旅行，他笑话她，并说她在说谎，但最后证明却是真的，因此他想知道到底这个最近的故事结果如何。

根据安妮所说，看来埃里克并没有把外星人的口信当成一回事，对此，他有些担心。另一方面，如果他真可能去太空的话，即使仅仅去核实一下，恐怕也只能按照安妮所说的去做。即使寻求外星生命形式一无所获，也只可能再通过 Cosmos 飞行。

苏珊突然开口道："我想我们今天要让乔治看看周围邻居，"她继续说，"带他到周围走走，也可以去海滩。"

安妮看起来一脸苦相。"妈！"她说道，"我和乔治要在家里做些事情。"

艾米特则酸溜溜地说："我要对我的信息丢失悖论做进一步研究。并不是说任何人都关心这个悖论。"

苏珊很肯定地说："别犯傻了。乔治远道来看望我们，我们不希望他整天坐在树下和你聊天。"此时电话铃响了，她拿起听筒。"乔治，你的电话。"她说着就把听筒递给乔治。

"乔治！"他爸爸的声音断续地传来，听起来好像在很远的地方喊着，"我只想让你知道，我们到达图瓦卢了！现在正准备乘船航行到中途岛环礁。佛罗里达好吗？"

"这儿挺好！"乔治说，"我见到了埃里克，苏珊，安妮，还有一个名叫艾米特的男孩，艾米特……"

但通信中断了。乔治把听筒还给苏珊。

"我确信他会再打回来的。"苏珊叫乔治放心，"而且你爸妈已经知道你挺好的。现在我们可以出门去好好玩玩！"

安妮向乔治递过眼神，看来这已是无法避免的了。她妈妈已计划好了带他们去游乐场，去游泳池，去海豚保护区，去海滩。这几天，他们白天晚上都在外面。几乎没有机会把 Cosmos 从秘密处所拿出来，并和他一起工作。而且艾米特总是跟踪他们每一步，他们几乎没有机会看一看安妮的外星人口信——只看过一次，他们躲在

浴室里，研究了一下那张图纸。

安妮说："那么，那是一个人，还有那个箭头肯定意味着那个人将去什么地方，但是去哪里呢？"

乔治说："嗯，那人要去……一组小点围着一个大点移动。我知道了。如果那些点是在围绕太阳的轨道上会怎样呢？哪个是中心？那些箭头指向第四个点，因此意味着那个人将去从太阳往外的第四颗行星，那颗行星是……"

"火星！"安妮说，"我知道了！那儿和'荷马'号有个连接。这口信是说，我们必须去火星并且……"

"但其余的意思是什么呢？"乔治说，"到底这一切是什么意思，一个人和一个被勾掉的箭头？"

"可能是那人如果没去火星又会发生什么？"

"如果那人没去火星，"乔治说，看了看下面一行，"那这个样子可笑的竹节虫就会掉下来。"

"样子可笑的竹节虫……"安妮说，"如果那是'荷马'号呢？如果那人没去火星，那么'荷马'号就可能遭遇可怕的事情。我们必须去那里救'荷马'号！这非常重要！"

"你瞧，安妮，"乔治疑虑重重地说，"我知道你爸对'荷马'号那件事很不高兴，但他只是一个机器人。他们还能再送一个上去。我只是不知道这口信是否足够证明什么。"

"看最后那条线，"安妮用很恐怖的声音说着，"那么恐怖。"

"如果那人不到火星上去救'荷马'号，那么……"乔治说。

"行星地球也会没有了。"安妮说，

"行星地球也会没有了。"乔治喊了起来。

"行星地球也没了，"安妮确认道，"那就是口信的意思啊。我们

必须去火星上解救'荷马'号，因为如果我们不这样做，将会有什么可怕的事情降临到这个行星上。"

"我们必须告诉你爸爸。"乔治急迫地说。

"我试过了，"安妮说，"这次你去吧。"

就在此刻，他们听到"嘭嘭"地敲门声。

"出来！"艾米特喊道，"抵抗是无效的！"

"我能把他的头冲到下水道去吗？"安妮请示道。

"不要！"乔治很严厉地说，"你不能那么做，他不是坏孩子——他待人相当好，如果你稍费心真正和他聊聊就会了解。"

艾米特又开始用力打门了。

最后安妮的妈妈决定，大家都需要在家安静地待一天。第二天才是乔治来访的高潮。埃里克为他们弄到了观看宇宙飞船升空的入场券！他们将到升空地点去看巨大的飞船飞离地球。即便是艾米特都激动过头了。他不断地自言自语重复着宇宙飞船升空的指令，念诵着飞行轨道速度的数据。

乔治和安妮却因不同的理由而狂喜着。乔治已经知道巨大火箭给予飞船需要的升空的力量。过去他曾通过 Cosmos 的门道在太空旅行，现在他要看真正的飞船开始它伟大的旅程！

对于安妮而言，她无法掩饰升空念头的秘密喜悦。"我的计划可以一起实行了，"她对乔治耳语着，"我们将发现外星人！我们将发现外星人！"解释挺烦人的，她拒绝向乔治进一步解释她打算怎么去做。当他问她时，她就摆出一副心不在焉的样子。"都在计划内，"她告诉他，"当你需要知道时，我才会告诉你。现在你必须相信。"

太空发明

我们在地球上运用的许多东西由于太空技术的进步而完善。此处只列出其中的一些：

- ★ 空气净化器
- ★ 防雾滑雪护目镜
- ★ 自动胰岛素泵
- ★ 骨分析技术
- ★ 汽车刹车衬垫
- ★ 质量更好的白内障手术器械
- ★ 合成高尔夫球棒
- ★ 防腐蚀涂料
- ★ 扫尘器
- ★ 地震预测系统
- ★ 节能空调
- ★ 耐火材料
- ★ 防火/火焰探测器
- ★ 平面电视
- ★ 食品包装
- ★ 冻干技术
- ★ 高密度电池
- ★ 家庭保安系统
- ★ 改进磁共振成像
- ★ 铅中毒探测

- ★ 小型线路
- ★ 噪声控制
- ★ 污染测量设备
- ★ 便携式X线设备
- ★ 程控起搏器
- ★ 防护衣
- ★ 放射性泄漏探测器
- ★ 机械手
- ★ 导航卫星
- ★ 校车设计（改进版）
- ★ 耐划伤镜片
- ★ 污水处理
- ★ 减震头盔
- ★ 烟囱监视器
- ★ 太阳能源系统
- ★ 风暴预警服务
- ★ 高密度电池（多普勒雷达）
- ★ 无钉防滑轮胎
- ★ 泳池净化系统
- ★ 牙膏软管

对乔治来说，这很令他生气。当安妮处于这种神秘状态时，他宁愿和艾米特聊聊。

即使如此，她越是模仿外星活动的密探，乔治越要为那个外星人口信绞尽脑汁，努力去想那个信息是什么意思并来自何处。他试图与埃里克交流，但交流总不能进行下去。

"乔治，"埃里克耐心地说，"对不起，你说我的机器人被邪恶的外星生命摧毁或者它要摧毁地球，但我不信，请别谈这个了吧。我还要思考其他的事情呢。比如怎样再送另一个机器人去火星，接替'荷马'号本应做的事情。对我们全球空间部的人来说，事情已经够糟的了。不是每个人都像你和安妮那样热衷于太空旅行。有人至今还以为那些毫无用处呢。"

"但与太空有关的发明是怎么回事？"乔治很激动地说，"如果我们从来没有去过太空，现在地球上也不会有这么多发明吧。"

"而且，"埃里克温和地继续说着，"即使我们能够让 Cosmos 开始工作，当计算机经历了这许许多多状况之后，我认为使用那个太空门道是不安全的。如果有人正在太空时，它又出了毛病怎么办，我们怎么能够重新启动它，把那些人救出来？'荷马'号只是一个机器人，乔治，不值得冒这个险。"

"但是你认为那信息的结尾，把地球打叉是怎么回事呢？"乔治追问。

"那可能出自一些狂想者，"埃里克说，"世界上有很多这类人呢。不要多想了。我要设法先解决'荷马'号的问题，几十亿年之后，当我们的太阳终结自己的生命时，地球才到达末日。因此不必惊慌。"

安妮的爸爸上班去了，妈妈又突然出去了一阵子，艾米特看来很安稳地沉醉在自己的模拟程序中。安妮急忙对乔治说："我们终于可以继续执行我们寻求外星人的规划了。我们的时间不多。所以今天我们必须让 Cosmos 开始工作。这是紧要关头。快点，乔治！"她跑到楼上父母的房间。

乔治跟着她跑，口中抱怨着："你真打算告诉我我们要做什么吗？"他在她父母卧室外要求道："我已经很烦你说的'该知道时你就知道这些话了'。我到这里来是因为你说需要我帮忙的。但至今你还没告诉我一点有关你的计划。"

安妮抱着一个铁盒子，面露喜色地从父母的卧室冲出来，"对不起，"她小声说"但是我不让你告诉艾米特有关我们去太空追索外星人的事。"

"我不会告诉他的。"乔治说道，她的不信任使他感到有些不快。

她冲到自己的卧室，将那个铁盒子放在书桌上。"Cosmos，"她宣布道，"在这里，而且我还有钥匙。"她把用链子套在脖子上的小

钥匙掏出来，然后打开那个盒子，把那个熟悉的扁平的银色计算机拿出来，再把盒子重新锁上，放回父母房间的衣橱里。

当她回来时，乔治问道："你怎么搞到钥匙的？"

"我借的，"安妮神秘地说，"自从我把 Cosmos 请出来并收到外星人的口信，我爸就决定把它锁起来。但是他没意识到我有多么聪明。"

"或者说多么鬼鬼祟祟？"乔治抢白道。

"不管你怎么说，"安妮说，"我们继续吧。"

她打开 Cosmos，把电源接上，然后按了进入键——那是去宇宙的秘密钥匙——但是什么都未发生。她再按一下键，屏幕依然空白。

突然她的卧室门打开了一条缝，一只鼻子伸了进来。

"你们在干吗？"艾米特说。

"什么都没干！"安妮说，并试图跳过去挡住他的视线，可艾米特已经侧身进来了。

"如果你不告诉我你们在用这台电脑做什么，"艾米特狡诈地说，"那么我就告诉你爸妈去。"

"告诉他们什么？"安妮说。

"无论你们在做什么，我将告诉他们你们不让我或他们知道。"

"但你不知道我在做什么。"安妮说。

"不，我知道，"艾米特说，"那台电脑就是你认为功能很强大的电脑，就是那台你们自己也不该用的电脑。你以为我不在时，我正听着你和乔治谈话。"

"你这只小虫子！"安妮开始冲撞艾米特。

"我恨你！"他大声回骂着，和她扭打起来。"我从来就不想到这里度假！我要和爸妈去硅谷。这是我平生最糟的暑假！"

"你们都闭嘴，你们两个！"乔治喊起来。

安妮和艾米特放开了对方，惊奇地看着平时态度温和的乔治。

"现在大家看看吧，"他说，"你们两个都很可笑。艾米特正在度他糟糕的假期，他感到很乏味。但你是电脑天才，是吧，艾米特。"

"肯定。"艾米特悻然地说。

"那么，安妮，你有了自己解决不了的电脑问题，为什么不问问艾米特——态度好些——如果他能看看 Cosmos，看看他是否知道解决问题？他也许喜欢做这件事，我们也能不再打架。好吗？"

"就这么办吧。"安妮嘟囔着。

"那好，"乔治说，"安妮，你告诉他吧。"

她指着那台放在自己床上的银色手提电脑，"就是这台电脑……"

"我看到了。"他不悦地说。

她继续说："它能做特别的事情，比如为去太空某些地方开出一个门道。"

艾米特看着自己的鼻子说："我怀疑。"

"不，它确实能做，"乔治说，"这台电脑有个名字，它叫作

Cosmos。当它工作时，它很神奇。埃里克发明了它，但是去年因为操作错误我们把它搞坏了。埃里克真需要 Cosmos。我们需要你能让它重新工作。艾米特，你能试试，修理它吗？"

"我要去拿我的电脑紧急状态配套元件！"艾米特说，他笑逐颜开地冲出门去。

"他不赖，"乔治说，"就给他一次机会吧。"

"仅此一次。"安妮嘟囔着。

艾米特带来自己收集的硬件，CD 盘，还有大小各异的螺丝刀。他把这些东西很利索地堆放好，然后开始摆弄 Cosmos。大家都静静地看着他，同时注意到当他和他们老伙计较劲时，那沾沾自喜的表情渐渐消失，眉头皱了起来。

"呜！"他评论道，"我从未见过任何类似的东西！我从来没想过他们能造一台我不懂的电脑！"

"你能修好吗？"安妮轻声问。

艾米特看起来有点为难。"这个硬件超酷，"他说，"而且以前我想量子电脑只是个理论。"他咬住下唇，更集中精力地摆弄着。

蝉的噪声通过窗户从庭院里涌入。但他们突然听到其他的声音，那声音很弱，他们都不能绝对相信真正听到了。

"莫非是……"

"嘘！"安妮说。他们再次听到了，一声很静的"哔哔"声。当他们紧盯这台伟大的电脑，才意识到电脑一侧的小黄灯亮了。在刚才还是空白的屏幕中间，现在他们看到了一条细线。

"艾米特!"安妮尖叫着,热情地拥抱他,而艾米特做着鬼脸退缩着。"你干成了!我要试着跟它说话。"她靠近屏幕,"Cosmos,请你回来吧,"她请求道,"我们需要你。"

　　屏幕闪着,然后暗了下去。但是 Cosmos 又开始发出"哔哔"声——一次,两次。又一条线穿过它的屏幕出现了。这条线变成曲线,过了几秒,又变成一个圆,然后消失。

　　"真够怪的。"艾米特慢慢地说。他又敲入几个指令,按了几个键,然后就袖手旁观了。

　　一阵"呼呼"响声后,Cosmos 终于开口说话了。

　　"101011110000010。"他说。

　　乔治和安妮都震惊得说不出话来。过去他们从未遇到过这种情况,他们可以让 Cosmos 工作,但却听不懂他说的话。

　　"11000101001。"Cosmos 继续说着。

安妮扯了扯艾米特的衣服。

"你到底对它干了什么？"她满脸惊慌地问他，"外星人的口信呢？"

"神圣的超对称弦！"艾米特叫道，"他说的是二进制！"

"那是什么？"乔治说。

"那是多位二进制的位置记数法，"艾米特说，"二进制系统在所有计算机系统内部使用。"

乔治试图从屏幕上输入一个指令，但 Cosmos 尖叫着回答，"10100W1010111010101000101010101011001010000010010101。"

"什么？"安妮说，"Cosmos 怎么了？它能说话，但我们不知道它在说什么。"

"确实，这台电脑可能要跟人类说话，但人们懂吗……"艾米特慢条斯理地说道，"Cosmos 现在说的是基础系统语言，一种低级的计算机语言，就跟人类最早的语言一样。"

"1101011！"Cosmos 哀号着。

"我的天呀！"安妮叹道，"如果它变成婴儿电脑该怎么办呢？他说的是婴儿语言吗？"

Cosmos 发出"咯咯"声，然后笑了。

"所以他只能说，'噗！（英文是小孩要大便的意思）爸爸！妈妈！'"安妮继续说。

"我认为你是对的，"艾米特说，此刻他正忙于看屏幕，不觉已同意安妮的话了。"我要在它上面再试点别的。看看它是否懂得 Basic 语言。"

二进制码

　　我们通常所用的记数单位是以 10 为基的。非零个位数为 1 到 9，当 1 移至个位数左边相邻的位置，就表示它进入了 10 的家族。99（9×10 加 9×1）左边相邻的位置则用来表示所有以 100（10×10）为单位值的数，依此类推，以 1000（10×10×10）为单位值的数可在 999 左边相邻的位置上取到。如此等等。

　　二进制码，是以 2 为基而非以 10 为基的，因此各数位分别表示 2 的各个幂值，即 2，4（2×2），8（2×2×2），等等。于是数字 3 便表示为 11（1 乘 2 加上 1 乘 1）。从 1 数到 10 就变成 1，10，11，100，101，110，111，1000，1001，1010。

　　早期计算机程序设计人员之所以决定使用二进制码，是因为用"开""关"位置设计电路比用多种交替状态来设计要简单。早期的计算机是利用只能识别"开""关"位置的电路系统而制造的，该系统用 0 代表"关"，用 1 代表"开"，二进制码对这一工作原理的建立产生了影响。运用这种方式，复杂的计算能够转换成简单的开关流程。

"GOTO GOTO GOTO GOTO" Cosmos 说。

艾米特放了一张光盘进去,"我要把它狠狠地升级一下,"他说,"让他更现代化些。现在他看起来像一台古代电脑。我要试试FORTRAN95。"

"REAL. NOT. END. DO" 超级电脑回应着。

艾米特再试一次,Cosmos 的屏幕暗了,电路"嘶嘶"作响。

"它正在狼吞虎咽那些光碟呢,"艾米特说,"恐怖啊,是吧?"

最后 Cosmos 开始说他们能听懂的语言了。"怎么回事?"他问。

"Cosmos!"安妮激动地说,"你回来了,真是太伟大了!现在我要你打开门道,尽你所能越快越好。我需要看一看……"

"呢呢呢。"Cosmos 懒洋洋地说。

乔治插进来恳求道："Cosmos！我们正深陷困境，真需要你帮忙。"

　　"哦！我自己还有事情。"这台世界上最聪明的电脑回答。

　　"你在做什么？"乔治慢慢地说，并弯下腰仔细地注视着它。

　　"嗯，不要看我的屏幕！"Cosmos 突然叫了起来，"不要看，这是私事。"

　　乔治再次尝试。"我们有大麻烦了……"他诉说道。

　　"闭嘴，"Cosmos 打断了他的话，"我正忙着呢，绝对不要看我的屏幕。"

　　"Cosmos……"安妮温柔地叽咕着，"你为什么这么苦恼呢？"

　　"因为我不要和这些枯燥无味的人一起工作，"他回答，"但是你还可以。"

　　"谢谢！"安妮说，"但是，Cosmos，你要注意，现在正是关键时刻。我爸没有办法帮助你，因为有人偷走了他的机器人。"

　　"那真心疼！"Cosmos 叫起来，终于听出点意思了。

　　当安妮和 Cosmos 交谈时，乔治和艾米特听得云山雾罩。

　　安妮说："你是世界上最棒的电脑！你能帮我们查出谁劫持了我们的机器人吗？"

　　Cosmos 回答道："能！我正在做这事呢！"

　　当 Cosmos "嘘"的一声作响时，安妮把脸转过来，脸上露出一阵得意的坏笑。

　　"它说我是有水平的！"她快乐地叫道。"看，"她吸了一口气，指着电脑说，"看通往宇宙之门。"

　　一小束光已经从 Cosmos 屏幕上射了出来，在房间的另一头，

它画出一个门道，乔治和安妮曾经从那里进入宇宙。门大开着，向门里望去，他们看到黑色天空布满了闪亮的星星，那些星星比他们在地球上看到的星星亮得多。

一颗红色的行星正出现在视野里。

乔治向门道走过去，但是他还未靠近门道，门就"砰"的一声在他面前关上了。门上挂着一张大招帖，上面是几个潦草的大字："不许进入！"不一会儿，门后响起刺耳的电子音乐，这些字也全都跳了起来。

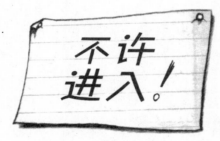

乔治连忙问道："安妮，这是怎么回事？"

"嗯，我也不能确定，"安妮说，"但 Cosmos 就像我们家乡学校里的大孩子。我的意思是说，他说话的方式类似他们，他们认为这样真酷。"

"那些孩子多大了？"乔治问。

"哦，我想，大概十三四岁吧。"安妮说，"怎么啦？"

乔治于是说出了他的想法："当我们最初启动 Cosmos，它用的是简单的电脑语言。后来艾米特将他升级，但并没有完全将他升级。因此就意味着他现在是……"

安妮替他说道："Cosmos 还是一个少年。"她的声音中有些恐

惧和惊奇。

"那你爸会怎么说呀？"乔治问。

"我想我们最好别告诉他，至少现在不能。"

他们听到楼下的前门打开了。"快点！"安妮说，"艾米特把 Cosmos 关掉。"

艾米特关掉电脑，他们把 Cosmos 推到安妮的床下。脚步声沿着楼道从下面一直响到上面，并越来越近。当埃里克推开安妮的房门时，他发现三个孩子并排坐着，正在读他写的一本书。

"看到你们都相处得这么好，真令人高兴。"他表扬道。

安妮用一只胳膊搂住艾米特的肩膀。"哦，是呀，"她说，"我们现在是朋友了，是吧？"她轻轻地戳戳他。"说话呀。"她又在他耳旁小声说着。

"是，我可以证明。"艾米特机械地说，他还沉浸在对 Cosmos 打开的门道的震惊中。

"好，好，"埃里克说，"你们在读我写的《时空的大尺度结构》吗？你们是怎么找到这本书的呀。"

"这本书非常有趣。"乔治礼貌地说，尽管他对这本书都不理解。

艾米特回过神来。他友善地说："你在第 136 页中有个错误。"

埃里克微笑说："是这样吗？以前从没有人看出来，但这并不意味着你错了。"

"我有个改正的建议。"艾米特说。

安妮抱怨了，但乔治狠狠地瞪了她一眼。

"OK，好吧，"埃里克慢慢地说，"我本来想叫你们一起出去吃冰激凌。但如果你们都很投入，那么我也不忍过多地打扰你们。"

"冰激凌！"安妮和乔治都跳起来。艾米特依然坐在床上，他还全神贯注地看书。

　　"喂，艾米特！"安妮说，"冰激凌！你知道那凉凉的甜甜的东西，小孩都喜欢！走，我们去吃冰激凌！"

　　艾米特朝上看看，将信将疑地说："你真要我去？"

　　安妮和乔治一起说："是的，我们要你一起去！"

第七章

第二天，静谧的黎明又迎来一个晴朗的好天气，看来又是个适于升空的日子。安妮早早就把乔治和艾米特吵醒了。

"今天是宇航日！"她冲着艾米特的耳朵尖叫。他抱怨着，翻身钻进羽绒被里。

"起床！起床！"她喊，并把羽绒被从他身上拉下来，然后扯着被子在屋里跳舞。"今天是我们一生中最激动的日子。"

艾米特翻身坐在床头，"我真是太高兴了，我可以……"他跳下床，朝浴室奔去。

当乔治还在朦胧中尚未完全清醒时，安妮抓住他的手，把他拉了起来。艾米特跟跟跄跄地从浴室出来，脸色看起来相当苍白。

"上树！"安妮对他俩说，"现在！我们要计划一下。"

他们依然穿着睡衣，快速地下了楼梯，走上凉台。乔治爬上树，安妮敏捷地跟上，只有艾米特还独自站在树下。

"快点儿，艾米特，"安妮说，

"快爬到这里来！"

艾米特可怜兮兮地说："我不能。"

"为什么不能？"

"我从来没爬过树，"他坦白地说，"我不知道怎么爬。"

安妮叫道："哦，天哪！你一直都在玩些什么？"

"我自个儿在写计算机程序。"艾米特难过地说。

安妮重重地叹了一口气，乔治一下就麻利地爬下了树，他一把抓住艾米特，把他拉到树边。他从底下托，安妮在上面拉，一阵尖叫和争吵后，他们终于让这个小男孩坐到了一根大树枝上。艾米特紧张地望着下面。

安妮严厉地告诫他："今天我们要去冒险。需要勇敢和神奇。但愿我们能够解救行星地球。那就是说，既不能哭，也不能抱怨或找我妈妈。你明白吗？艾米特？"

艾米特点点头，紧紧地抱住树枝，"是，安妮。"他温顺地说。

"你现在是我们的朋友了，"安妮对他说，"因此如果你有话要说，就跟我或

乔治说，不必跑去找大人。"

"是，安妮，"他同意了，并对她露出一点微笑。"我从未有过朋友。"

"嗯，你现在有了两个朋友了。"乔治说。

"而且我们需要你，"安妮补充道，"你对总体规划超级重要，艾米特，别让我们失望。"

他喘着气说："我不会让你们失望，绝对完全彻底地不会！"

"OK，太棒了。"乔治说，"那太棒了！但是实际上，安妮，到底我们要去做什么？"

安妮说："我们要去做一次伟大的宇宙旅行。所以大家听着，行星地球的拯救者们，准备去与宇宙会面。我打算告诉你们总体规划：换掉睡衣，将 Cosmos 打包，找到我爸，然后去全球空间部。那里才是开始行动的地方。"

安妮解释道，他们宇宙之行的第一步，是去全球空间部发射台，他们将从那里观看宇宙飞船升空。

在美国，NASA 的基地分别位于几个地方，每个基地承担着不同的宇航职能。佛罗里达州的基地负责航天飞机起飞和将机器人探测器送入宇宙。德州的休斯敦基地，一旦航天器升空之后，则接手控制载人宇宙飞行，而加州的基地承担机器人宇宙飞行的更进一步的任务控制。有时埃里克会去其他两处基地，但他决定把家安在佛罗里达，因此他们不必一直搬家。

安妮告诉乔治和艾米特，为了如航天飞机一样飞离地球并进入太空，他们要去

载人太空飞行

"鹰"号已经着陆

　　1969 年 7 月 20 日，美国宇航员尼尔·阿姆斯特朗通过无线电从月球上向美国得克萨斯州休斯敦宇航控制中心送回信息。"鹰"号是飞船的月球远足独立舱，它在距离月球表面高度 60 英里的轨道上，脱离了飞船"哥伦比亚"号，宇航员麦克·柯林斯仍然留在"哥伦比亚"号里。月球远足独立舱着陆的区域称为宁静之海，但月球上没有水，因此此独立舱首陆时不会溅起水花。在"鹰"号里的尼尔·阿姆斯特朗和巴兹·阿特灵两位宇航员成为有史以来首次访问月球的人。

　　尼尔·阿姆斯特朗第一个迈出密封舱，踏上月球（他踏上月球是左脚）。巴兹·阿特灵紧跟其后，周围看到的是黑洞洞的天空，撞击坑，月球尘土层……他称其为"壮丽的荒凉"！由于他们得到指示，即便在必须匆忙离开的情况下，也要保有月亮上的一些标本。于是他们很快将石块尘土放入自己的口袋中。

　　事实上，他们在月球上待了几乎一天，步行了大约 1 千米。"阿波罗"11号史诗般的航行使人类深入到从未涉足的未知世界，而且至今仍是最令人鼓舞的壮举，此次登月任务完成之后，3 个位于宁静之海北面的撞击坑以 3 位宇航员的名字命名，即柯林斯、阿姆斯特朗和阿特灵。

在月球上行走

　　至今包括"阿波罗"11 号在内，总共有 12 位宇航员在月球行走过。但每次登月仍然是危险的任务，1970 年 4 月"阿波罗"13 号服务舱爆炸就是明证。宇航员们以及地面人员，必须英雄般地同心协力，才能使宇宙飞船安全地返回地球。

　　所有"阿波罗"的宇航员包括经受折磨的"阿波罗"13 号的宇航员都安全返回了地球。宇航员是在飞行，工程和科学方面受过非常专业训练的专家。

载人太空飞行

而升空和操控宇宙飞行需具有多方面的技能。"阿波罗"登月任务犹如过去和从今之后的所有航天任务一样，是几万人工作的结果，他们制造和操控复杂的硬件和软件。

"阿波罗"已从月球上带回重达 840 磅（1 磅 =0.4536 千克）的物质以供在地球上的人们研究。研究的结果将使我们星球上的科学家能更好地了解月球及其与地球的关系。

"阿波罗"17 号是最后一次登月行动，飞船于 1972 年 12 月 11 日在陶拉斯 - 利特罗高地着陆，并在那里待了 3 天。当他们飞至距离地球 29000 千米的高空时，"阿波罗"17 号的航天员拍摄了整个地球，而且摄下一张地球全部被太阳照亮的全图。这张照片被称为"蓝色弹珠"，大概是至今流传最广的照片。从那之后，再也无人在距离地球如此远的地方拍摄如此绚丽的照片了。

第一个飞上太空的人

"阿波罗"登月计划并非是人类第一次飞上太空。苏联宇航员尤里·加加林于 1961 年 4 月 12 日曾绕地球轨道飞行，他乘坐"东方"1 号宇宙飞船成为第一个进入太空的人。

继加加林历史性的成功之后 6 周，美国总统约翰·肯尼迪宣布，他将让人在 10 年内登月，新建的 NASA——尽管当时 NASA 只有 16 分钟的太空飞行经验——但还是开始工作了，看看能否与苏联的载人太空计划竞赛。谁能最先登月的竞争开始了！

载人太空飞行

水星，"双子座"太空船和行走太空

水星计划，美国单个宇航员的航天计划，是设计用于考察人类可否在太空生存的。1961 年艾伦·谢波德成为第一个进入太空的美国人，他在亚轨道上飞行了 15 分钟，次年，约翰·格林作为美国 NASA 的首位宇航员绕地球轨道飞行。

载人太空飞行

美国 NASA 双子座计划紧随其后。这计划非常重要，它教会了宇航员如何在太空交会对接。在这计划中，宇航员还练习了诸如太空行走，也称为舱外活动。然而苏联宇航员阿列谢·列昂诺夫于 1965 年成为世界航天史上第一个在太空行走的人。可是苏联人并未在月球上行走，因此这项荣誉归于美国 NASA1969 年的登月计划。

第一个空间站

当登月竞赛完结之后，很多人对太空计划兴趣不大了。然而，苏联和美国仍然在实施大的空间计划。苏联人的超级保密太空计划名为"阿尔玛兹"计划，或称为"钻石"计划，是要建立环绕地球轨道的空间站。首次尝试遭遇到毁灭性的挫折，后来的"礼炮"3 号，以及"礼炮"5 号则很成功，但它们之中没有一个能够持续一年。

美国人开发了他们自己的空间站——天空实验室，一个绕轨道运行的空间站，它于 1973 年运行了 8 个月。天空实验室载有一个宇航员用以观测太阳的望远镜，他们传回太阳的图片，其中包括太阳烈焰的 X 线图以及太阳黑斑图。

空间握手

20 世纪 70 年代中期，苏联和美国在地球上陷于冷战关系。冷战的意思是双方并未作战，但却存在很强烈的敌意和不信任关系。然而，两个国家在空间计划上却开始携手合作。1975 年，通过阿波罗"联盟"号计划，两个敌对的超级大国首次在空间握手。美国的载人飞船"阿波罗"与苏联的飞船"联盟"号对接，美国和苏联的宇航员在地球上虽然难得见面，但他们却在太空中握手了。

载人太空飞行

航天飞机

航天飞机是一种新型的飞行器。与过去的太空飞行器不同，它可以再次使用，其设计不仅能像火箭一样飞入太空，并且还能飞回地球，像飞机一样在跑道上着陆。航天飞机还被设计用来向太空运载宇航员和货物。美国第一架航天飞机"哥伦比亚"号于 1981 年发射。

国际空间站（ISS）

1986 年，苏联将"和平"（MIR）号空间站送入太空。

"和平"号是第一个绕地球轨道飞行的复杂的大空间站。它在太空中花了超过 10 年的时间才建成，被设计成"空间实验室"，因此科学家可以在近乎无引力的环境中进行实验。"和平"号空间站的大小相当于 6 辆公共汽车，可以同时容纳 3 ~ 6 个宇航员在其中居住。

国际空间站（ISS）于 1998 年在太空投入建设，每 90 分钟绕地球一圈。它的研究设施标志了国际的合作，来自许多国家的科学家和宇航员参与运行并在上面共度时光。为国际空间站提供服务的是美国 NASA，俄罗斯的"联盟"号飞船，以及欧洲空间局自动中转飞行器。当空间站内的人员遇到紧急情况时，他们也有固定的逃生交通工具。

未来

2010 年，航天飞机退役，国际空间站将接受来自俄罗斯"联盟"号和"进步"号飞船的供给和机组人员。

美国 NASA 正在发展一种新型宇航器，其名为猎户星座。希望"猎户星座"能带我们飞到月球以及也许更远的星球——红色的行星火星。

然而，全新型的空间旅行也正在成为现实，未来"太空游客"能够作短暂的亚轨道飞行。某一天，我们将可能在月球上度假！

全球空间部的主楼取宇航服，那些衣服是埃里克存放的。太空很冷，再说他们需要呼吸空气并和 Cosmos 联系，如无太空服，他们将无法进入太空。

然而，孩子们想单独进入全球空间部几乎是不可能的：他们不仅没有特别通行证而且没有车子到那里去。尽管安妮和乔治曾在太空飞行过，但他们都不会驾驶地球上普通的车子，于是需要安妮的爸爸将他们送到这次太空旅行的始发站。显而易见地，他们不想告诉埃里克他将成为他们的出租车司机，而只想让他以为他们在全球空间部只待一天时间。他们打算在埃里克没留神的瞬间去实施太空旅行的伟大计划，而在这之前，要对计划守口如瓶。

"没有人能看到的。"安妮继续说。

"没有人能看到？这是什么意思？"乔治打断了她的话，"我想如果我们突然消失，你爸会注意到的。"

"不，他不会的！"安妮说，"他正忙于盯着天上的航天飞机而无暇顾及。因此会有那么一个时刻，我会发出命令让你们飞走。我们现在所要做的是找到宇航服穿上，打开 Cosmos，通过门道进入太空。真的就这么简单。"她告诉他们，"最伟大的计划总是如此，正如爱因斯坦爷爷所说的。"

"我想爱因斯坦爷爷的话是关于科学理论的，"乔治温和地说，"不是说让孩子单独在太阳系里旅行。"

"如果爱因斯坦爷爷在这里，"安妮坚持道，"他会说，安妮·贝利斯，你是做这个探险的最佳人选。"

艾米特脸上愁云密布。"我要进入太空吗？"他烦躁地问道，"我的意思是说，我虽然想去但是我有严重的过敏症，而且我可能……"

安妮说："不，艾米特，你是宇宙旅行的控制者啊。你和Cosmos在地球上指示我们。因此你不必担心在太空中碰上小怪人，那种情况将永远不会发生。"

"哦，啊，"艾米特松了一口气，"否则，我妈将永远不会原谅我的。"

"那么我们将要做什么呢？"乔治问。

安妮说："我们，你和我，就是去火星。到那里看个究竟，乔治。我们将去那里看个究竟。"

站在全球空间部主楼宽大的阳台上，乔治、安妮和艾米特能一直看到沼泽地那边，航天飞机就停在那里，安静而耐心地等候着升空。航天飞机周围是直立的脚手架、钢铁滑车、托架、吊架。两道铁轨从发射台通往一座乔治从未见过的巨大建筑。

"你看到那个地方了吗？"艾米特指着那座楼，"就在那里，他们为航天飞机做升空准备。那里被称为飞行器组装楼。这建筑大得能装进航天飞机。它太高了，以至于那里面形成了自己独立的气象系统——有时云也会在里面产生。"

"你的意思是那里面可以下雨？"安妮问。

艾米特说："是的，如果你在那里工作，都必须带伞。当轨道飞行器，就是航天飞机的一部分准备出发时，它经过轨道到达发射台，就在那里准备起飞。"

轨道飞行器的黑白鼻子是朝上的，与底下巨大的橘色燃料桶相比，它显得相当小。两个白色的长长的火箭助推器位于燃料桶两侧，它们正等待着点火引发。

埃里克指点着说："看啊，他们已经去除了脚手架，这就意味着所有的舱口都已经关闭了，为航天飞机升空准备的群组已经离开现场。"

艾米特接着说起了大话："正像我的电脑游戏一样。那个游戏教给你怎样操纵航天飞机。"

"我倒愿意试试。"背后响起了说话声。乔治扭头看去。那是个穿蓝色全球空间部连裤装的女人。乔治知道这套装备意味着她是一个真正的宇航员。

艾米特高兴地说："OK！我愿意教你做。如果你今晚到我家来，我将向你示范它如何工作。"他看到安妮在使眼色，急忙补充道："或者改天吧，我们现在挺忙的，可能没时间。你可以明天来。如果我们回家的话，那就这样吧：我们哪儿都不去，但是，哎哟！"

安妮用手肘颇重地推了他一下。

他对她耳语道："我只是尽力表示友好！我想你说过对人友好是好事。"

安妮嘘声反对着："我是说过！但是对人友好并不意味初识时，就必须告诉他们所有的事！"

"那么我该怎么交朋友呢？"艾米特哀伤地说。

"这样吧，我们现在只是想办法解救这颗星球，好吗？"安妮说，"明天，我将教你怎么和别人交朋友，朋友间是怎么回事，好吗？一言为定？"

"一言为定，"艾米特郑重地说，

"这个假期变得几兆的酷了。"

"但是，你不是已经知道如何操纵航天飞机了吗？"乔治向那个宇航员提问，企图转移她对艾米特的注意力。"你是宇航员吧？"

"是，你说得对。"她说，"我是一个宇航员，被人们称为'航天计划专家'。意思是我专长于进入太空做实验，比如空间行走，为国际空间站建造一些部件。我受训驾驶航天飞机，但那不是我真正的专业。机长和驾驶员驾驶航天飞机并停泊在国际空间站后，从而让我们能够进入国际空间站，那时我的工作就开始了。"

安妮问："你进入空间站后，一直四处浮动吗？"

"是那样的，"宇航员说，"很好玩，但做点简单的事比如吃喝都蛮难的。我们通过吸管喝水，食品是放在小盒里的，我们打开盒子，把叉子插入，以便能叉住食品而不让它们四处飞散。"

乔治道："你们曾为吃东西打架吗？如果为吃东西打架，那真够酷的！"

艾米特困惑地问道："那么你们怎么上厕所呀？在小引力情况下，那不是非常困难吗？"

"艾米特！"安妮尖叫道。"我真为他感到抱歉，"她对宇航员说，"他真是令人难堪。"

那女人大笑："哦，不！不需要为你弟弟的

112

问题感到难堪。"

　　见有人以为艾米特是她弟弟，安妮脸上露出恐怖的表情。

　　宇航员说："每个人都会问到太空厕所。是的，上厕所是挺麻烦的。为了学会上厕所，我们专门上培训课。"

　　"成为宇航员，你们还开上厕所课？"艾米特高兴得脸都变成粉红色了。

　　宇航员肯定地说："那是我们学习太空生活的其中一件。我们要训练好几年才能学会执行两周任务期内的任务。我们还得学会如何对付失重，怎样操控航天飞机上的机器人手臂，使用所有其他的复杂电子和机械设备。你们长大后，哪位想成为宇航员？"

　　安妮说："我想呀，但也得视情况而定，你知道，我想做物理学家和足球队员，因此我可能没那么多时间接受额外的训练。"

　　"那么你们两位呢？"宇航员问乔治和艾米特，"你们想去太空吗？"

　　乔治说："哦，想呀！那是我最想做的事情。"

　　艾米特摇摇头说："我有晕动症。"

　　"我们知道。"安妮说。在坐车到这里的途中，他晕车晕得厉害，几乎呕吐到她的帆布背

声音如何在空间旅行

地球上有许许多多的原子挤在一起相互碰撞。施加一个振动力给一些原子，这些原子就会把振动传给邻近的原子，继而传给邻近原子的邻近原子，如此这般延续下去。于是振动通过许许多多的原子传播。许许多多微小振动就形成了通过物质传播的振动流。覆盖地球的大气里充满了许许多多的气体原子和分子，它们相互碰撞，就能以这种方式传播振动，大海，我们脚下的岩石，甚至每天所用的物品也都能传播这样的振动。能够直接引起我们耳朵感知的振动，我们称为声音。

原子必须把每一个振动都传给它的邻近原子，所以声音传播需要时间。声音传播需要的时间取决于原子之间相互作用的强度，强度又取决于材料类型以及诸如温度等其他因素。在大气里，声音每 5 秒传播 1 英里。声速大约是光速的一百万分之一，这就是为什么观众几乎立刻就看到航天飞机升空时的光焰，而稍后才听到噪声。同理，我们总是先看到闪电，然后才听到雷声——云层猛烈放电发出的响声。声音在海洋中传播的速度大约是在大气中传播速度的5 倍。

太空的情况不同。星际之间的原子非常稀薄，因此无法互相碰撞。当然，由于你的航天器内有空气，其中的声音就能正常地传播。一块飞来的岩石打到机身外壳上，在机身外壳上产生振动波，通过机舱内的空气，你因此可能听到。但是发生在一颗行星或其他航天器上的声音并不能传给你，除非有人将其转换为无线电波（这与光类似，不需要介质传播），你用收音机接收电波，再把电波转变成机舱内的声音。

恒星和遥远的星系也能产生天然的射电波，它们在太空中传播。射电天文学家研究这些电波的方式与可见光天文学家研究可见光的方式基本相同。因为射电波不可见，人们经常用收音机把它们转变为声音，所以射电天文学家把这种研究方式叫作"听"而不叫作"看"。但射电天文学家和可见光天文学家都在做同样的事情：研究太空的电磁波。实际上根本没有任何声音来自太空。

包上——就是那个装着 Cosmos 的背包。她只得抓起背包，把艾米特的头推向窗外，以避免一场麻烦。即便如此，整个路程也不好受。

埃里克忧虑地出现在他们身旁。他对那位宇航员说："哈罗！我是埃里克——火星科学实验室的埃里克·贝利斯。"

她高兴地叫道："有名的埃里克！我是珍娜。很久以来，我就想认识你了。你所做的宇宙中的生命研究真棒！我们都很想知道'荷马'号可能在火星上会发现什么，简直等不及听到结果了。"

埃里克皱起眉头说道："嗯，是的，我们……也很想知道。"但听起来他并不激动。"我看到你和孩子们在谈话。"他又说，并不安地摆弄着呼叫机，呼叫机能让他知道火星或地球上发生了什么重要事情。

珍娜说："我刚才正和他们谈话。这都是你的孩子吗？"

"哦，不是，"埃里克说，"只有安妮，那个金发的是，其他的都是不知怎么碰上的。"但他是笑着说的。"这些都是她的朋友，乔治和艾米特。"他手中的呼叫机突然狂叫起来。"哦，坍缩恒星！"他自言自语地说着并向上看。"我收到了一个警报，"他告诉珍妮，"我必须立刻去控制室。"

珍娜说："你可以把孩子留给我，我保证他们没事。"他们拖着脚步，看起来有些不安。她兴致勃勃地继续说道，"你完事后，可以呼我，我告诉你到哪里把他们领走。"

"多谢，"埃里克说着就向楼梯冲去。当他离开时，墙上展示升空时间的挂钟开始再次移动了。时不时地，它又会停下来，以便给予人们更多的检查时间，人们要检查所有的东西，从航天飞机升空系统到轨道飞行器上的计算机，全世界不同地区的天气。一旦全面

检查完毕，每个人都感到满意，时针就又会向前移动。现在，只差几秒航天飞机就能升空了。当所有的人齐声高喊倒数计时时，乔治抓紧了安妮的手。

"五，四，三，二，一！"

他们首先看到航天飞机底部的一片巨大尘云，如白色巨浪向外缓慢地柔软地翻滚，如素色枕头在航天飞机底部铺开。当航天飞机从地面升起，乔治和安妮看到闪亮在机尾的壮丽的光芒。航天飞机似乎被一条看不见的线拉着上升，机底部的光是如此之强，天空都好像被撕裂了，开口内显露出天使或其他的天上神灵。强大的气流越拉越长，航天飞机也越升越高，不一会儿，航天飞机就钻入云层中去了。

"真安静啊，"乔治对安妮耳语道，"没有任何噪声。"

看来航天飞机在圆满的寂静中开始了它的宇宙之旅，就在此刻，噪声向他们袭了过来。他们先是听到奇怪的爆裂声；接着便是巨大的"隆隆"声。噪声之大，似乎完全把天地笼罩了。他们感觉胸脯受到密集的重击，甚至觉得会被声浪击倒。

随着惊心动魄的引擎咆哮声，航天飞机呈弧线形离去，将白烟抛在身后。他们站着一动也不动，注视着节节攀升的航天飞机，最后只看到在蓝天衬托下一缕白云的轮廓。

"这缕白云看起来就像一颗爱心，"安妮梦呓般地说道，"像是在表明，这是来自航天飞机的爱。"但遐思不久，她的思想立刻又回到了行动状态。环视周围，她看到所有的大人仍在盯着天空，于是她一把抓着乔治和艾米特。

"OK，我将倒数计时了，"她说，"到时候我们就跑！你们准备好了吗？五，四，三，二，一……"

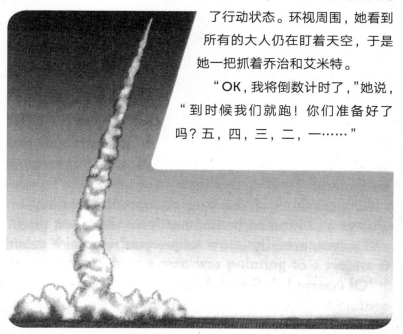

第八章

航天飞机在高空消失后，孩子们也都消失了——他们走下埃里克曾经走过的那段楼梯，通过四通八达的长走廊，进入一座巨大的建筑。

"我想是这条路。"安妮说。但听起来她一点都不肯定。他们跟着她很快向下走去，所经过走廊的墙壁上，挂着纪念每次完成航天任务的镶在镜框中的宇航员照片以及孩子们画的宇航员像。

"嗯，试试这个门。"安妮用力推门。门推开了，他们冲入一间很大的放满巨型机器零件的房间。

"哎哟！"她叫了起来，很快就退了回去，她踩着了身后乔治和艾米特的脚，"不是这间，不是这间。"

"你究竟知不知道你要找的地方？"乔治问。

"我当然知道，"安妮生气地说，"不过我有点糊涂了，因为这里所有的地方看起来都差不多。我们要去清洁间，宇航服就放在那里。让我们走这边吧。"

当听到安妮要航行太阳系的想法时，乔治的心沉甸甸的。如果她来到以前来过多次的全球空间部都搞不清楚自己要找的地方，怎么又可以相信她能带着他们往返于火星呢？

　　这时说什么也阻止不了安妮，她拉着他们走向另一扇门。她猛然把门推开。除了前面有一个布满说明的荧光屏，屋内的其他地方都很暗。屏幕上有一个人，指点着土星的图像。

　　那个人说道："我们可以看到土星环，它们是由灰尘和岩石组成的，处于环绕着这颗巨大气体行星的轨道上。"

　　乔治回想起那块小小的土星石块，那是他和安妮坐在一颗彗星上航行太阳系时，他装进口袋里的。不幸的是，乔治的老师以为那只是一把灰尘，逼着乔治把它丢弃到垃圾桶里。他想，只要能把那小块岩石带到这里，他们或许能从那土星碎片中发现有关宇宙的什么线索。

　　他们来到标有彗星的门前，但门上了锁。

　　"乒——乓！"他们听到安妮帆布包中发出声音，Cosmos 似乎自动开启了。

"Cosmos！"乔治说，"你必须保持安静！我们正在找清洁间，不想引起任何人注意。"

"我听起来好像不知所措，"Cosmos 回应道，"是吗，是这样的吗？"

乔治急迫地对它说："哦，嘘，别出声！"

Cosmos 不成调地唱道："你要和我跳舞吗？"

乔治说："哦，当然不，你是一台电脑，我为什么要那么做呢？"

"你能感觉到我吗？"

"艾米特，让他静下来。"安妮命令道。

艾米特道："实际上，从现在起，还是让他开动着好。如果把他关了，若必须快速开启，我们可能问题更多！"

"在那里！"乔治指着那边巨大的双扇门说道。只见上面写着"清洁间"三个字。"这可能就是宇航服所在处了。"

"就是那里。"安妮说，"我现在想起来了。这间房子我从来没进去过，但那是大人们存放所有太空设备的地方。那里超级干净，因此地球上的虫子什么的就不会被带入太空。"

"哦，是呀，"艾米特书呆子气十足地说，"不让微生物随任何机器进入太空这点非常重要，否则我们究竟怎么知道，我们是否在太空里发现了生命证据，或者我们是否只是看到了我们自己留在那里的指印？"

安妮一边向双扇门跑去，一边招呼道："跟我来！绝大多数人都在楼上看航天飞机升空呢。"

他们走进清洁间，但眼前的遭遇却让他们非常吃惊。他们发现自己站在移动传送带上，当传送带拖着他们前进时，强风自四面八

方吹扫。喷着气的刷子突然从天花板上伸下，还带着大片的抹布。

"怎么回事？"乔治喊道。

"我们正在被清洁。"安妮回应说。

"阿嚏，"Cosmos 叫道，"它们乱碰我的接口！"

乔治看到一个机器人用手把安妮夹起来，把她扔到白色塑料的连衣裤里，再把一顶帽子扣在她的头上，又将一副面罩罩在她的脸上，还把一副手套套在她的手上。他惊奇得还没叫出声来，安妮已经被弹出传送带，送入另一个双扇门中，接着，乔治，然后是艾米特，同样被机器装裹起来，被送入另一个门道。他们站在那里，对四周超出想象的白色眨着眼睛。

乔治努力在想，他好像是在什么人的非常洁白的牙齿里。牙齿的一边是正在修造中的机器人，另一边看起来像半个卫星。这里的一切异乎寻常地闪亮，甚至连空气都感到有些稀薄，比一般空气更加透明。墙上一个标记显现着："100000"。

"这是说房间的空气中有多少粒子，"艾米特透过他的面罩小声说，"这里还不是最干净的清洁间——在那里，比例是 10000——

121

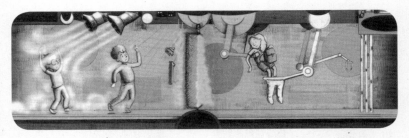

那意思是任何一立方英尺的空气中不能超过 10000 个大于半微米的粒子！微米是一米的百万分之一。"

乔治问："我们从此到火星是否足够干净了？我的意思是说，如果我们带了生命证据到达火星，然后'荷马'号发现了它，那我们是否会搞乱研究计划？"

"从理论上说，是这样的。"艾米特听起来自信得多了，现在他感觉进入自己的专业领域。"但这在相当程度上取决于 3 个条件：①我们能否让 Cosmos 工作；②你们是否能够设法到达火星；③安妮的外星人信息是否真的是威胁要毁灭地球的信息。如果她是对的话——不过我必须指出，这种概率非常低——如果你不去，反正那里也没有来自地球的生命，所以无关紧要。"

在清洁间的一处角落里，安妮找到了一些太空服，但它们都是亮橘色的，与乔治过去漫游宇宙时穿的毫不相像。

安妮很失望地说："它们不是我们要穿的。这些衣服都是航天飞机上用的，与我和爸爸穿过的不一样。"

她向更远处搜索着，又说道："我爸告诉我他把我们的宇航服也放在这里保管了。当时我还说，如果其他人拿错了怎么办？他说他们不会拿错的，因为上面标了为样本宇航服，非用于航天任务。"

122

艾米特撕开背包外的塑料布，那是清洁间入口的机器包裹在安妮的帆布背包外的。他把Cosmos取出来，同时还发现一本亮黄色的《宇宙用户指南》。

"OK，小电脑，"他一边口中念念有词，一边在键盘上打字："寻找外星生命规划正在进行中。我们向何处去，指挥官乔治？"

乔治说："看看你能不能让他打开门道，我们要去火星北极地区，目的地是'荷马'号。"

"瞧！"安妮叫道，"我找到宇航服了。"她从一堆白色宇航服里冒出来，那上面盖着的塑料布标着"蓝本——不可用。"她向乔治抛过一件。"摘掉你的面罩，然后把这个套上。"她和乔治把宇航服塑料套撕掉，开始费劲地把自己塞进沉重的航天装备里。

此时，艾米特从 Cosmos 屏幕上取出一些火星照片，急速地把这颗淡红色的行星拉近，可是 Cosmos 异常安静。

"他为什么这么安静？"乔治问。

"我有个很棒的主意，"艾米特简洁地说，"我把音量调小了。"

接着他将音量调大，便听到 Cosmos 在抱怨："没人在乎我，没人理解我，没人知道我感觉如何。"

艾米特于是又将音量调小。

安妮警告说："到达太空后，我们要能和 Cosmos 对话，我们曾

有一次被困在太空，一次就够呛了。你能叫得动他吗？"

艾米特又将音量调高。

"做这，做那，都是我听别人的，"Cosmos 悲叹着，"我只想自我表达一下。"

安妮说："Cosmos，我已经找到一个方式，你可以表达你自己的意愿了。"

"肯定是要我打开门道，让你们穿过去。"Cosmos 愁眉苦脸地说。

"对的，"乔治说，"但事情是，我们没有真正得到准许去做这件事。如果我们被逮到，就会有很多麻烦。"

"真酷！"Cosmos 开始有点心动了，"你的意思是，你们要去做一件很严重很危险的事情？"

乔治说："嗯，是的。但我们需要你帮忙。在火星上，我要你照看我们，还有你，艾米特。如果我们需要快速离开，你要立刻将我们从那里弄出来。"

艾米特说："但是，你在火星上向我们发出信号，不会有时间滞后吗？我的意思是，光从火星旅行到地球要经过 4 分 20 秒。或许火星在太阳的另一边，那么光旅行就要花费 22 分。因此，你我之间对一次话，要么需要 8 分 40 秒，要么需要 44 分。那可能就太迟了。"

"不，Cosmos 有即时通信，"安妮说，"因此，我们的对话都是即刻的。"

"哇！那物理真是了不起！"艾米特赞叹道，看起来他很受鼓舞。

安妮补充道："所以，如果 Cosmos 真敢干的话……"

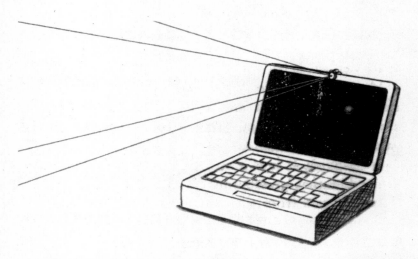

"行！我就干！" Cosmos 说。只见一道白光从这台奇特的电脑里射出：在清洁房的中间，孩子们清楚地看到一个门道的形状浮现出来。

门大开着。朝门内望去，一颗淡红色的行星正在进入视野。在行星中间偏左的地方，有着一块巨大的暗斑。

"快到火星了。"当这颗行星拉近时，艾米特说。火星后方，无数星星在黑色的天幕上闪闪发光。"看到那块黑斑了吗？那就是西尔蒂斯大平原（大流沙带）。那是一片巨大的黑暗区，由刮风及火山作用所造成的平原，由于它非常大，17 世纪 60 年代，当科学家把人类第一台望远镜对着火星时就注意到它了。南极冰帽在每年的这段时间里很大而且可见。在中心略低处的亮区域是海腊斯盆地，现已确定，它是由小行星或彗星撞击而成的最大的陨石坑。宽约 1370 英里。你在赤道区域上看到的这四点，就是塔西斯高地四大火山上的水冰晶体形成的云。"

"你怎么知道所有这一切？"乔治说，他刚戴上宇航帽，他的声音通过帽子里的语音传输器传出来，听起来怪怪的。

艾米特用近乎辩解的语气说："其实，我也是从 Cosmos 屏幕上得知的。当时它正为我读出火星上的情况，并查看你们着陆是否安全。另外，它也给观光客一点劝告。它提到火星的访问者应该记住此地重力条件和你们习惯的相当不同。你们在那里的重量只有在地球上的一半，所以要做好弹跳的准备。"

安妮透过她的语音传输器问："他说了天气怎么样了吗？"听安妮的语气，她似乎有点紧张。

艾米特答道："让我们看看……天气预报说，火星北极区域天气是：今天大部分地区晴，平均温度是零下 60 摄氏度。在这个区域内

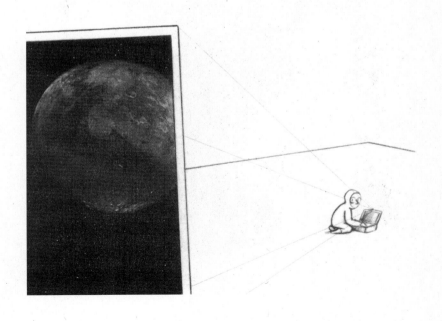

发生水冰风暴的可能性很低。但是火星中部区域会有尘暴生成，并将席卷整个火星。我最好还是盯住这个。据说在一年中的这段时间里，尘暴是常见的，而且散布得非常快。"

门道正穿透稀薄的大气，朝火星下方的岩石表面飞去，离火星越来越近了。

乔治和安妮戴着大鼓鼓的太空手套，手拉手站在门槛上，他们的氧气筒已经插上，传送设备也已经打开。门道在火星表面上盘旋了几米，安妮对乔治说道："你准备好了吗？五，四，三，二，一……跳！"

他们从门道上跳下去了，发现自己已经站在火星表面上——人类足迹第一次踏上了这颗星球。

艾米特一直看着他们消失在门槛上，在门道关闭之前，红色的火星尘铺天盖地喷出来。

火星尘在超清洁的空气中飘浮时，艾米特试图收集一些，然而它们很快就被清洁间的过滤器吸走了，而那些过滤器就是设计用来即时处理所有污染的。火星尘完全消失了，乔治和安妮也完全消失了，巨大的房间里只留下艾米特和 Cosmos。他四处看了看，然后拿起《宇宙用户指南》。

翻开手册，他在索引中找到火星栏目。

他大声读道："生命真的来自于火星吗？"

宇宙用户指南

生命真的来自火星吗？

我们所知的生命来自何处来自何时？是从地球开始的吗？还是来自火星？

两个世纪以前，多数人相信人类和其他物种是在地球创生时存在的。地球实质上被认为是物质世界的整体，它的诞生是相当突然的事件，犹如今天大多数科学家相信的大爆炸一样。这就是诸如《圣经》第一部《创世记》这类创生故事教导人们的内容。全世界其他的文明也有类似的创生那一瞬间的故事。

虽然一些天文学家确实考虑了广袤无边的空间的问题，但真正的研究却是从伽利略（1564—1642 年）制作了第一个望远镜之后才开始的；他的发现展示了宇宙包含很多其他的世界，有的行星，例如我们的行星，可以居住。宇宙的浩渺以及宇宙必定在我们人类出现前很久就已经存在了的证据，直到晚得多的称为启蒙时代的 18 世纪才被普遍承认。这时候有了很多发明，诸如氢气球，特别是蒸汽机等。这些发明激发了后来的（19 世纪）的技术和工业革命。在那个创新时代，对浅海中沉积岩形成的研究使地质学家理解到这类过程必定一直在进行，不只是几千年甚至几百万年，而是几十亿年。

现代地球物理学家相信我们的行星地球以及我们的太阳系大约生成于 46 亿年前，即当宇宙年龄刚好超过 90 亿年的时候——宇宙现在的年龄大约为 140 亿年。

50000 年前，现代人类才从非洲到达世界其他地方，但现代考古相当清楚地表明，大约 6000 年前，早期人类社会才开始产生出我们称为文明的东西——不同商品进行交换的经济体系。在任何一种文明中，一个非常重要的因素不仅有商品交换而且要有信息交换。但这些信息是怎样存储或散布的？适当的记录机制是需要的。

在纸张和油墨发明之前，最早的一种记录信息的方式是把记号刻在黏土小片上——这就是现代计算机存储器芯片最远的先祖。分享和收集知识，特别是那些被我们称为科学的信息，它本身就成为一个研究目标。

130

宇宙用户指南

当然，文明（相对近代的）发展依赖于被称为智慧生命的出现：那就是具有通过借鉴认识他们自己的足够的自我意识的生物存在。在我们的星球上还有一些已知的例子：大象、海豚，当然还有类人猿——这类包括了黑猩猩，其他的猿类，穴居人，以及像我们一样的现代人类。至今我们还未在宇宙的其他地方找到同样的智慧生命。

地球上的智慧生命形态是如何诞生的？远古遗留的化石暗示现代所有的植物和动物本可以由更早地出现在地球上的其他生命形式引起，但人们不明白为何有如此多的物种，而且它们并非事先被设计就能很好地适应。只有当达尔文（1859 年）解释了自然选择的适应性原理之后，连续进化论的思想才被普遍接受。然而，当沃森和克里克做出有关 DNA 的发现之后，人们才理解这一原则实际上是如何运作的，那只是在晚近得多的现代才有可能（20 世纪 50 年代末）。

可以追溯至最远的化石记载支持了现代以 DNA 为基础的对进化过程的理解。问题是这些化石并未能追溯很远，最远也不过 10 亿年，那只是地球总年龄的一部分。

早期简单的生命形式发展于现在所知的寒武纪时代之前。虽然还不能很精确地说明为什么，但我们可以比较清晰地看到在过去 5 亿年里从他们如何进化成我们所认识的智慧生命。但是智慧生命最初如何进化的，在寒武纪之前却没有适当的记载。

一个问题是，只有从寒武纪起，很容易变成化石的大型骨骼粗大的动物才存在。人们相信他们体形最大的前辈被认为是软体动物（犹如今天的水母）；再向前回溯，仅有的生命形式看来似乎是微小的单细胞生物。但它们未留下清晰的化石记载。

如果追溯更远的过去，进化的过程必须是非常缓慢的，这一点很清楚。而且进化非常微妙。即使宇宙中环境有利的行星相当普遍，但行星上高级生命发展受阻的概率依然很高。这意味着只有很小一部分行星中能进化生命。我们所

宇宙用户指南

在的行星肯定是那些稀有的例外之一，而且仍然很容易弄糟。天体物理学家做过太阳系年龄巧合的计算。计算表明，在地球上导致智慧生命演化所需要的时间里，大部分给以太阳能量的氢燃料储存已经用光了。简括地说，如果我们进化稍微慢一点，在太阳燃尽之前，我们根本不可能有今天！

那么，在可获得的时间范围内，最难获得的基本进化的步骤是什么呢？

地球上艰难的一步可能是被称为真核生物——其细胞内部有精巧的细胞核和核糖体结构——的开始。真核生物包括大的多细胞动物，比如我们人类，也包括像阿米巴那样的单细胞生物。化石记录显示，大概 20 亿年前，也就是地球现在年龄一半时间的元古宙初期，第一个真核生物开始出现在地球上。现在认为，这一时期之前，一些更原始的原核生物形式，比如细菌（具有很多包含胞核的细胞），已经广为散布。这是我们所知的太古代，其开始于地球年龄小于 10 亿年前。

有证据显示在这一时代最早期存在最初期的生命状态——因此我们面对一个难题，因为这暗示着整个生命实际起源过程应在之前的纪元发生。那就是所知的冥古代——即地球历史的最早时期。

为什么这就应该是个问题呢？冥古代足够久远了，几乎 10 亿年前吧，那时候地球的条件与地狱差不多，就像"冥古"这个名称所暗示的（"Hades"是希腊语的"地狱"）那样。那时候形成太阳系后余下的碎片撞击月球表面，并在那里造成了撞击坑。因为地球具有更大的质量和引力，所以在那时候更应是陷坑累累。这种碰撞对我们行星的环境频繁地再加热，最初的生命几乎不可能不被摧毁于萌芽状态。

然而，行星火星的质量小，而且距离太阳比较远，因此最近有人提出，火星遭受的撞击比地球更早地减弱。一些从火星上碰开的残骸块，在某些情况下又被地球扫清了。

那就意味着也许生命起源于火星——当生命还不能在地球上存活时。

宇宙用户指南

对一块从火星上来的陨星（陨石 ALH8400）进行电子显微镜分析，其结果展示了类似化石微生物的结构。这证明化石有机物可能从火星到达地球。但是若没有活着的生物——不仅是化石——在不可避免的流量运动中仍然存活下来，那就不能解释后来出现在这里的生命。这已经成为热门的争议问题了。

更为有趣的问题是，火星在那个时代（被称为 Phyllocian 时期，大致相当于地球的冥古纪）的环境是否真的适合原始生命。

当今火星的生存条件肯定是恶劣的，至少在表面是这样的：干冷的沙漠，除了少量二氧化碳，几乎没有大气层。但登陆火星的探测器已经证实极地的冰冻水量相当可观。此外，还能观察到曾为河流和海岸侵蚀的特征。这意味着火星在过去的某些阶段，必然存在大量液体水——这正是我们这类生命的起源所需要的。在那么早的时期，水可能形成了海洋。最初，它的中央大概深达几千米，而现在的火星北极之所在就靠近那海洋中心。

因此生命有可能在火星非常久远的过去起源于这个海洋的边缘。

对于以上理论有两种反对意见。其一是火星上的大气层可能没有包含过氧气。然而，据称地球上原始生命形态能够存活于极其缺氧的大气层中，因此这不是问题。

另一种反对意见是对于已知的陆栖生命而言，火星的古海洋可能过咸。但是也许火星上的生命最初就适应很咸的水，或许它们从淡水湖里发展而来。

因此生命完全可能起源于火星——在巨大的海边，搭上流星的便车来到地球。这样说来，我们远古祖先就可能是火星人！

布兰顿

第九章

　　当乔治和安妮通过门道跳出去后，乔治忍不住扭头回看。在百万分之一秒，他通过门道看到了地球上的清洁间，还有艾米特忧心忡忡地向门道外凝视的脸。

　　但门道接着关闭而且完全消失了，在他们曾经飞过的尘土飞扬的火星天空中，消失得无踪无影。

　　乔治和安妮依靠跳过门道的冲力，在着陆之前，在火星大气层中漫飞了几米。他们互相紧拉着手，因此他们没有在这陌生而寂寥

的行星上失散。乔治的双脚刚踏上火星，火星表面的反冲力又将他弹回得更远。

当再次着陆时，他们很快地松了手，"山在哪里？"乔治通过传音器呼叫安妮。他们落在一片巨大、碎石散落的微红的平地上。目光所及，尽是散落的红石头，火星上遍是沙漠，此外一无所有。仰望天空中的太阳，在地球上看到的这颗恒星是那么明亮，而这里看起来觉得要远一些、小一些，没有那么热；这是因为与地球相比，太阳发出的光和热距此更远。火星空气中飘浮着红色的尘土，太阳光呈现着粉红色，而不是地球上太阳升起的那种熟悉的玫瑰色的光辉，这种颜色的光看起来陌生，似乎是不欢迎从地球经过长途旅行而来到火星的首批人类。

安妮告诉乔治："这里没有山。我们现在是在火星的北极。火山与凹地都在这颗行星的中部。"

乔治问道："离太阳落山还有多久？"他突然意识到夜幕降临之后，他们将什么都看不见了。这空无一物的行星让他毛骨悚然，他实在不想在天黑时还待在这里。

"还早呢！"安妮说，"整个夏天太阳在火星北极都不会降落。但我不想在这里待得太久。我不喜欢这儿。"她颤抖着，虽然她穿着太空服，不受火星上恶劣条件的伤害。

这么孤独真不好，和乔治一样，安妮突然想念起那个有人，有房子，有活动，有声音和充满生活趣味的行星。即使他们有时感觉自己想住到一个没人干扰或没人管教的行星上，但现实却很不同。在一个荒凉的行星上，他们没事可做，没人可玩。他们可能曾梦想着成为自己世界的主人，但当这愿望实现时，家看起来还真是不坏。

乔治在空中再次跳跃，想试试自己能跳多高。他跳了几英尺高，一秒之后在距离安妮站立处不远的地方落地。

"真神奇呢！"他说。

于是他俩一起向火星表面飘浮，每当脚触及地面，就又被弹起来。

安妮指着乔治留在火星表面的脚印警告说："我们最好不要在这里留下很多脚印，否则当火星轨道器经过此地拍下照片，人们看到这些脚印会以为真的有火星人存在。"

"我可以看到'荷马'号了！"乔治指着远处一个孤独的小影子说。

他们现在各自向"荷马"号靠拢。"它在做什么？"乔治以吃惊的语调继续说道。那个机器人看似很忙，它滚过来滚过去，把小石块不断抛到空中。

安妮说："这正是我们要探询的。"她通过语音传输器呼唤道："我要艾米特。艾米特！艾米特呢？哼！他不回答。"

　　他们大步走近"荷马"号，只见它令人不解地四处滚动着，但显然带有某种目的性。

　　"蹲下！"安妮屈着膝嘘声道，"否则，'荷马'号会通过他的相机眼看到我们。我爸就会认出我们在火星上，知道我们在哪里。那就会惹大祸的！"

　　"但是在信号传回地球前，有几分钟时间他不会看到我们的，"乔治说，"因此即使'荷马'号拍了我们，我们还有时间逃走。"

　　"哼！"安妮不耐烦地说，"那对你没事。如果我爸看到我们在这里，他对你能做的不过是把你直接送回英国。但我却得在这里受着，不是说'这里'。不是在火星而是地球上，他会对我发怒，并把他能想出的各种很无趣的惩罚都加在我身上。"

　　"举个例子吧？"乔治问。

　　"哦，我不知道具体是什么惩罚！"安妮说，"不过，我可以猜得出一些，比如，不可以玩足球，做更多的数学作业，洗太空服，口袋里永远永远永远没有一点钱，等等。坦率地说，地球对我而言实在太小了。"

　　乔治问道："我们是否必须安静下来？'荷马'号能听到我们说话？"

　　"嗯，我想不会的，"安妮说，"火星大气不适合声音传播，因此我认为它不可能记录声音，而只能拍拍照片吧。"她停了片刻，然后对着她的语音传输器叫道："我希望艾米特能听到我们说话。"

　　"哎唷！"乔治说，当安妮声音突然传来，他的头盔里好像发生了爆炸一样。

　　"谁呀？怎么啦？在哪里？"他们终于听到艾米特的声音了。

"艾米特，你这小傻子！"安妮说，"刚才你为什么不回答我？"

"对不起，"艾米特的声音传了过来，"我刚才正在看东西……你们还好吧？"

"我们还好，并非由于你的地面控制，"安妮说，"我们已经在火星上着陆，并正在接近'荷马'号。你有更多的信息吗？"

艾米特嘀咕着："正在查看，我会再和你联系。"

"我能够跳得比'荷马'号高吗？"乔治渴望地问，他非常欣赏火星上的低引力，想一直跳，越跳越高。"那么我就可以向下看看它在干什么。"乔治白色的宇航服已经被火星尘染成棕红色。

"不行，你会撞上它的！"安妮说，"在火星上，你只能跳到地球两倍半高。别做蠢事。我们需要接触'荷马'号，但只待在一边。那样的话，我们也应该能躲过照相机。"

他们又迈出了几大弧步，离机器人更近了。机器人现在却一动也不动了，它先前突然发作，行动狂乱，似乎用尽了气力，现在需要休息了。

安妮说："现在它不在周围乱搞了，让我们爬上去。"虽然他俩都穿着沉重的太空靴，很难踮着脚走，但他们还是尽力而为，逐渐接近机器人而又不让它发觉。当他们一边悄悄溜向"荷马"号，一边注意观察。只见机器人张开的腿坚实地抵着火星表面，太阳能电池板布满了灰尘——它就靠这些电池板收集太阳能并转换为自己的能量——它的橡皮轮子相当厚实，它上面的照相机张着晶亮如珠般

的眼睛，长长的机器臂此刻却毫无生气地吊在身旁。

当他们向它靠得更近一点时，他们才注意到还有其他的东西——那是一些在"荷马"号从火星传回地球的照片中没有见到的东西。

"那一边！"安妮说，"看啊！"

"荷马"号周围是平坦的火星表面，上面布满了尘土和碎石，他们看到"荷马"号用轮胎在上面画出的一串串印记。

"那就是信息！"乔治喊起来，忘记了戴着语音传输器时不能喊叫，"就像 Cosmos 收到的信息一样！它们是同一种记号！有人在火星上给我们留下了信息！"

安妮用太空靴猛踢了他一下，"别叫了！"

艾米特激动的声音这时也从地球上传来："信息？在火星上？'荷马'号说了些什么？"

安妮回答说："我们正努力破解，如果'荷马'号没胡闹——如果它四处跳舞就是为了给我们写这信息该怎么办呢？"

他们小心地迈了一步，正好落在"荷马"号画在尘土上的弯弯曲曲，难以辨认的字迹旁。

"还要费点力才能破解出来。"乔治提醒道。

他和安妮在信息上跳来跳去，竭力弄清它们的含义。

"你能告诉我印记是什么吗？"艾

米特急切地问，"我可以把所有的东西键入电脑，看看 Cosmos 对它们有什么反应？"

这时，乔治和安妮正浮在印记的上空。"嗯，好吧。"乔治说，"一个圆圈，被其他圆圈围绕着。"

"这可能是多环的行星，"安妮说，"可能是土星，瞧，在它旁边，所有的石头都排成行，可能是太阳系，像在其他信息中显示的那样。"

"在那边——又是多环行星，但在它周围还排列着一些小石头。"

"也许那是土星的卫星。"艾米特的声音传来，"你认为这是要你去土星卫星的信息吗？我现在就把信息输入 Cosmos，看看它能给我们什么线索。你可以数一下有多少块石头吗？土星卫星挺多的，大约 60 颗。但只有 7 颗是球形的。"

风，刚才还是微风，现在突然开始猛烈起来，地面碎石都被搅到空中，在他们周围旋转。

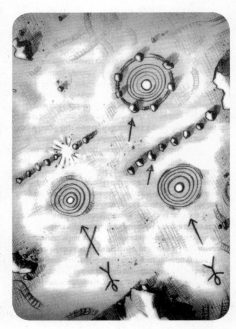

"哦！不！恶劣天气警报，"——艾米特读着 Cosmos 的屏幕："从火星南方正刮来大风，可能需要疏散。"

乔治回答道："我们还

需要一点时间，因为我们还不知道这信息的意思呢！我们正在设法数多环行星的卫星。"

"但是结果是一样的，"安妮指出，当她看到那排最后一幅图时，她感到恐怖极了，"这信息仍然说不要去行星地球。"他们再次跳起，紧挨着"荷马"号着陆。安妮必须抓住它的脚才不会被狂风吹倒，同时她用另一只手抓住乔治。

艾米特的声音从语音传输器传来，听起来惊慌失措。"我认为你们没有更多的时间了，"他急促地说，"Cosmos 已探测到了一场巨型风暴，正极快地向你们那边袭来！为了不让你们丢失，我们不得不要求你们离开那里。Cosmos 说它不可能在沙尘暴中找到你们……哦！"他的声音突然断了。

"艾米特，怎么回事？"安妮和乔治刚从远方看到巨大的尘云，此刻正从空地上向他们翻滚而来。

艾米特绝望地说："Cosmos 停机了！它说：由于紧急系统更新，此刻反转门道无效。要到它更新后，才能把你们带回来！现在只能把你们送远一点！送到风口外面去！"

"艾米特，快把我们从这里救出去！"安妮叫道，她已经不顾自己的声音有多大了，"无论把我们送到哪里都行！只要能避开风暴！我已经不能再坚持下去了。"

风将地面的灰尘吹来，他们四周都是灰。"荷马"号已经全被灰尘蒙住了，它

那闪亮的电池板已经无法接收太阳能了。气流在乔治和安妮身边旋转，他们勉强能看到对方。安妮依然吊在"荷马"号的腿上，乔治飘在她身后，被可怕的风持续猛击着。他用双手紧紧地抱住安妮的胳膊，但他们都知道，在任何时候，都可能被吹散，弄得不好，就会永远迷失在火星上。

"土星的月亮！"乔治对着语音传输器喊道，"如果你不能把我们带回去，那么就把我们送得更远些吧！给我们提供下一条线路！"

片刻间云变得越来越厚，透过多沙的云，他们看到身旁闪出门道的模糊轮廓。当门变得比较清晰时，乔治的一只手赶忙从安妮身上松开握住了门框，他虽然仍在风中摇晃，但他的脚抵着了门，另一只手同时依然紧紧地抓住安妮，而她紧抓着"荷马"号。

"开门！"他向地球上的艾米特发出吼叫，"安妮，我现在喊倒计时，然后我把你抛过门去！松开'荷马'号！"

安妮尖叫着："我不能松！我不能从'荷马'号上松手！"

乔治意识到她已经吓傻了，认为如果松开抓住"荷马"号的手，就可能会被大风卷走。

"你必须那么做！"他回喊道，"我无法把你还有'荷马'号一起抛进门里，我没那么大力量！"

门很快地打开了。在门后，他们看到了神秘的橘色旋涡。

"听我的，安妮，快放手！"乔治说，"五、四、三、二、一。"他试图用力将她掷向门道，但她依然死死抱着"荷马"号。"闭上眼睛，"他喊道，"想象地球。我就在你身后，安妮。我和你在一起，再试一次——你一定做得到，五！四！三！二！一！"

安妮松开"荷马"号的腿，被弹过门道。乔治急速地跟在她身

后冲了进去，绕着门框转身，进入了另一个世界——一个甚至做梦也想不到的世界。

门在他身后关上了，沙尘吞没了整个火星，抹掉了"荷马"号的信息，以及乔治和安妮留在火星表面上的脚印，浅红色的层土盖住了那个小小的机器人。现在所能看到的就是"荷马"号照相机的小红灯，它不停地闪烁，照相机正忙于拍摄火星风暴，然后将照片送回给安妮的爸爸，送回几百万英里之外的友好的行星地球。

第十章

距离全球空间部中心很远很远，但就宇宙距离而言又是很近很近的地方，乔治的妈妈黛西正在太平洋上观看日出。闪光的星星从视野中退去，晨雾从水晶般剔透的水中升起，宝蓝色的天空变成了明亮的天蓝色。黛西整个晚上都在观看天空。

在昨天太阳下山之前，她已经在地平线上观看到水星和金星，当月亮从东面升起的时候，它们便消失了。天色变暗，几百万颗明亮的星星布满天空。在它们当中，有半人马座阿尔法和贝塔，这两颗明亮的恒星都指向南十字星，那是南半球唯一可见的重要星座。黛西躺在沙滩上，仰望着天穹。头上是天秤座和天蝎座，天蝎座美丽的恒星，天蝎之心，即心宿二，就在她的上空闪耀。

她盯着那些星星，不禁想起在航天飞机发射中心的乔治，想象着当他看到真的航天飞机进入天空时的激动。她根本没有想到，就在她躺在海滩上遥望天宇时，乔治本人正在太阳系中的某个地方，他正朝着火星和宇宙寻宝的下一个目的地旅行。

可怜的黛西也根本没想到儿子此刻正迷失在太空中——由于乔治的爸爸特伦斯已迷失在地球上，所以她坐在沙滩上，等着他乘坐的船重新出现。特伦斯和黛西来到图瓦卢岛——太平洋上的一个小群岛，温柔的海浪正拍打着这美丽的天堂。这里的沙是白色的，棕榈树摇曳，各种大蝴蝶和奇异的飞鸟在茂密的草木中隐现。

但他们来此地不是为了度假，他们与一组生态战士的朋友在一起，这些人有一个使命，就是用图表记录下影响大小岛屿和环礁环境的变化。

事实上，看似友好温暖诱人的海面正在上升，预示着将吞没一些最小的岛屿，并完全抹去生命的痕迹。随着海平面越来越高，所有的人不久将会失去家园。海平面上升是南极盖、格陵兰冰盖和山岳冰川融化，加上海水热膨胀的综合结果：海水变暖，它需要占有更多的空间，所有这一切使水越来越多，土地越来越少。一些小岛

和环礁地势太低，房子被淹没，海滩消失，海平面
的上升明显加快。现在伦敦的主要交通道很多年
都不用了，因为它经常处于水下。

人们至少还可以离开这里继续生活，尽管他
们并不想失去他们的家园和岛上美好的生活。但
是所有鸟雀、蝴蝶、飞蛾已经习惯了这里的气候和
环境，它们真没地方可去。

太平洋岛民们试图告诉世界上其他地方这里
正在发生的一切。他们参加国际大会大声呼吁，如
果全球继续变暖，以这样的速度使海平面上升的
话，他们的家园将在几年内不复存在。有些人争辩
道，图瓦卢人所经历的不过是天气正常循环变化
模式的一部分：大风暴洗刷海岛，再把它们淹没在
魔鬼般的潮汐里。但是另一些人被说服了，因为他
们看到了一些更危险的征兆，不是随随便便解释
就能了事的。

在某种意义上，图瓦卢岛下沉并不是新鲜事。
小岛成员中的 5 个环礁很久以前已沉没于海中。
知名的探险家和博物学家查尔斯·达尔文于 1835
年航行穿过太平洋，曾对环礁的形成做出解
释——从上看下，环礁是环绕中央湖的一种扁平
的沙环。由于火山活动，在热带水域中新的小岛诞
生。几百万年以来，随着新火山岛往海中下沉，珊
瑚——生长在温暖浅水中的有机物，沿着小岛的

海岸线生长起来。最终环礁会全部消失，但是珊瑚还会在水面和水上继续生长，形成暗礁和海滩。

　　然而，这一进程时间非常漫长，可能有 3000 万年之久。而正是过去 10 年和未来 5 年的变化引起了图瓦卢人的严重关切，黛西他们要记录的正是最近的这些快速变化。

　　为了做这些事，乔治的爸爸特伦斯和一些人坐船离开主环礁去看其他的岛。但是他们该回来时还未回来。他们带了地图，但并未带全球定位系统和移动电话。他们说靠星星导航，就像另一个探险家库克船长多年前所做的那样，当时他航行穿越南海，记录了金星凌日。

　　特伦斯他们不幸完全迷了航，不能找到返回图瓦卢的航道，此刻黛西非常担心他们。另一些生

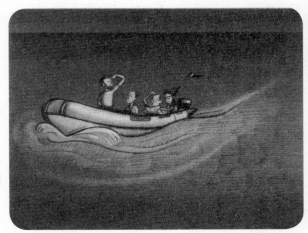

态活动者派了船去找他们，但都没找到。黛西和其他人越来越担忧，有点疯了——而且他和他的朋友肯定没有足够的淡水维持这么久，因为白天太阳如此强烈地照射在南太平洋上。夜长梦多，黛西打电话去佛罗里达寻求帮助。

在太阳系的另一部分，乔治从火星上将自己抵进门道，来到另一边一个暗橘色旋涡世界时，只听见安妮在惊叫："这里都是湿的！"

乔治在她之后登上一片冰原斜坡。他落地时摇摆不停，于是回身抓住门框以稳定自己。被乔治抛过门道的安妮，看似慢慢地在空中飞行，正好落在充满黑色液体的河道边，黑色液体正通过河道流进一片巨大的黑色湖里。一会儿，眼看着她就要倒下掉入黑激流中，但她弯曲膝盖，快速旋转手臂，又起飞了，在黑河之上很优雅地弹跳起来。

乔治固定在门框上。回到火星的门已在他身后关闭了，但入口还在，在暗淡中发出微光。他用一只太空靴试了试地面，地面似乎是由坚冰构成。他试图用脚后跟儿弄掉一点碎片，但它硬得如同花岗岩。乔治察看周围，一旦入口消失，他要有可抓住的其他东西，

但身后的岩石遥不可及，前方的冰坡一直延伸至神秘的黑湖。

湖里的液体汹涌激荡，安妮在湖的另一边喊道："无论如何，你千万别掉进去！我们不知道里面是什么东西！"

"我们现在在哪里？这是什么地方？"乔治喊着，向四周望去。天穹很低很阴

沉，布满了橘色和黑色的条纹状云。光线很暗，仿佛来自很远的恒星，而那些恒星穿越了几百万英里，而云是这么的厚，使得光线奋力才能到达这奇异的世界表面。

"我不知道，"安妮回答道，"感觉就像生命起源之前的地球。你不认为是 Cosmos 错把我们送回到过去，对吗？也许它把我们运送到原始之初，来看看一切开始之前是什么样子的。"

风明显地吹得轻柔了，尽管如此，当乔治尽力抓着入口门道时，它依然强力地推着他。

"乔治，这是地面控制！"他听到艾米特的声音，听起来很严肃，"Cosmos 不能更久地将门道控制到位。他需要关闭这个应用程序，否则会出现故障。"

"安妮，我该怎么做？"乔治问，他突然感到一阵恐惧，害怕落

入激流并被冲进湖中。

安妮说："你必须跳下去，就像我所做的这样！"她站在河道另一边像是一个小的冰滩的地方，那里和湖滨是连在一起的。"这里是平地，因此你可以安全着陆。"在一小片冰滩之后，陡峭的山崖面对着神秘的黑湖，山峰犹如一排巨大的尖塔指向发着虎皮色光彩的天空。

"太多应用程序在运行，"乔治听到 Cosmos 说，"入口门道立刻就关闭，如果出现错误，请点复选框，传信去技术支持部门。你的反馈对我们很重要。"

入口门道消失了，只留下乔治、安妮两人在这神秘的行星上。由于抓不住任何东西，乔治跟跄地跳向黑色激流边的斜坡。正如安妮所做的那样，他又从地面跳起，这一下让他上升并越过河流……

他所有的运动好似慢动作，一降落在另一边，他就说："风真的很大！感觉风在推我过去！但看似并未吹得那么强。"

"也许那是比我们地球上厚很多的大气层，"安妮说"大概这就是我们感觉好像在汤里，而不是在空气中。这里没什么引力，难怪我们并不会很快降落。哦！那是什么？"云刚好散开，他们看到了一种非同寻常的情景。在湖的那一边，有一座带有下陷的大山，下陷之处原来应该是山顶。

"哇！那看似一座死火山。"乔治说。

远远望去，火山口顶上正喷射出巨大的蓝色液体泡。

"我想它不是死火山！"安妮尖叫着。黏稠的岩浆从空中缓慢地下落到火山坡上，在那里又好像巨型盲眼的黏黏糊糊的蚯蚓在爬行，蛇样地爬下山底。

宇宙用户指南

土卫六

　　土卫六是土星的最大卫星，也是太阳系中第二大卫星，只有木卫三——木星的一个卫星比它大。

　　1655 年 3 月 25 日荷兰天文学家克里斯蒂安·惠更斯发现了土卫六。伽利略发现围绕木星的 4 个卫星激励惠更斯做出这一发现。17 世纪，发现土星有卫星围绕它运行更进一步证实了太阳系中并非所有的星体都围绕着地球旋转，不像此前人们以为的那样。

　　过去人们总以为土星只有 7 个卫星，现在我们知道围绕这颗巨大的气体行星公转的至少有 60 颗卫星。

　　土卫六围绕土星转一圈需 15 天 22 小时，它绕轴自转一圈也需要同样长的时间，这就意味着土卫六上一年的时间和一天一样长！

　　土卫六是目前太阳系中，我们所知的唯一的具有密集大气层的卫星。在天文学家认识到这点之前，土卫六本身的质量在人们的想象中大得多。它的大气层主要由大量的氮气和少量的甲烷组成。科学家认为这和早期地球的大气层类似，而土卫六具有足够的物质孕育生命进化过程。但这颗卫星很冷，缺乏二氧化碳，所以此刻那里存在生命的机会是微小的。

　　土卫六可以向我们展示在非常久远的过去地球上是什么情形，帮助我们理解在此处生命如何开始。

　　土卫六是太空测试器着陆的最远地方。2004 年 7 月 1 日，惠更斯太空船到达土星。它于 2004 年 10 月 26 日掠过土卫六，惠更斯探测器脱离卡西尼太空船，于 2005 年 1 月 14 日登陆土卫六。

　　惠更斯探测器在火星表面上拍摄照片，发现那里下雨！

　　这个探测器也在土卫六的表面上观测到干枯的河床——"一度流过液体的痕迹"。后来卡西尼的图像也发现碳氢化合物的证据。

　　10 亿年后，当我们的太阳成为一个红巨星时，土卫六也许会变得非常温暖，足以使生命出现。

宇宙用户指南

"卡西尼"号行星际探测器接近土星的摹想图。

安妮尖叫着："看来挺恶心的！这是什么？我们在哪里？我们在哪颗行星上？"

"你们不在行星上，"艾米特的声音终于从无线电里传过来了，"你们在土卫六上，它是土星最大的卫星。你们离我几乎 10 亿英里，靠近 Ganesa Macula 低温火山，火山正在喷发。"

"喷发会有危险吗？"乔治问。他们看到奇怪的厚熔岩沿着山道缓慢行进，形成了岩石的景观。

"有点难说，"艾米特令人愉快地回答道，"就目前我们所知，此前还未有生命形态登陆土卫六。"

"谢谢，艾米特。"乔治忧郁地说。

"但是低温火山会喷出水——尽管是真正的冷水，但混合了氨气，也就意味着它在零下 100 摄氏度也不会结冰。因此我想那气味不会好闻的。但你穿着太空服，不会太影响你。"

"艾米特，这里有个湖！还有一条河！"安妮说，"但它们很黑，看起来怪怪的，也不像是水。"

"为什么 Cosmos 把我们送到这里？"乔治问。

艾米特告诉他们："你和安妮一旦意识到去某个卫星的线索，根据化学构成和大气层，Cosmos 就计算出土卫六可能是某种类型生命存在过的地方。Cosmos 认为你们在土卫六上将要找到下一条线路。虽然我不得不承认，他似乎并不知道在哪个地方，他此刻有点泼冷水。他有时确实很有帮助，可能一会儿，他就会突发脾气。"

"呃，闭嘴！别骚扰我了。"Cosmos 抱怨道。

"哦，看！"安妮指着一片湖说，"那是什么？"什么东西向他们

漂来，他们看到，那东西的形状像救生圈或一艘船。

"看起来像一台机器，"乔治说，"好像是从地球上来的。"

安妮说："除非这里有什么人，这东西属于他们……艾米特，"她继续慢慢地说道，"这里有什么人吗？如果有，我们要见他们吗？"

"嗯，"艾米特说，"我正在努力跟 Cosmos 核对，看他在土卫六上生命的文件里有什么。"

"不，"Cosmos 厉声说，"我累了。不想干更多的活了。走开。"

"他的内存快用完了，"艾米特说，"而且我们不久就需要他打开门道，把你们带回来。因此我正读《宇宙用户指南》。这不就是——

'那边是否有人？'，这部分应该可以告诉我们。"

"那边有什么人吗？"艾米特说，"我想恐怕没有——至少你们所在的那地方没有。到目前为止，我想那里只有你们和甲烷湖。"

宇宙用户指南

那边是否有人？

本书的一些读者将会在火星上行走吗？我的确希望如此，我想他们很可能会的。那将是一次危险的但恐怕又是有史以来最激动人心的探险。在上几个世纪里，探险家的先驱们发现了新大陆，他们去非洲和南美的丛林，到达南北极地，测量地球的最高峰。那些去火星旅行的人具有同样的探险精神。

在火星上，穿越高山峡谷火山口将是很棒的，甚至可能坐在气球里飞越它们。但没有人会去火星寻求舒适生活。那里的日子将比居住在珠穆朗玛峰或南极更艰难。

但那些先驱者最大的希望是在火星找到活着的东西。

在这里，在地球上确实存在着几百万个物种——黏质物，真菌，蘑菇，树，青蛙，猴子（当然还有人类）。在我们的星球上，生命可存活于最偏远的角落——在那阳光被阻隔几千年的黑暗洞穴中，在干旱贫瘠的沙漠岩石里，在达到沸点的温泉水周围，在地层深处和大气层的高处。

我们的地球虽然充满了非同寻常的生命的种类，但它对生命的大小和形状存在约束。腿部肥胖的大动物就不能像虫子那样跳。最大的动物只能漂浮在水中。其他星球可能存在着多得多的物种。比如，如果引力减弱，动物可以长得更大些，像我们这样大小的动物的腿可以长得像虫子那么细。

在地球上凡有生命的地方，你都可以找到水。

火星上有水，某种类型的生命可能在那里出现过。那颗红色的行星比地球冷，大气层更稀薄。没有人相信卡通画中绿色的长着护目镜般眼睛的火星人。如果火星上真有先进智能的外星人存在的话，我们早就知道了——他们现在也许已来拜访过我们了！

水星和金星距离太阳比地球近。它们也热很多。地球是黄金岁月的星球——既非太热，又不太冷。如果地球太热，即使生命力最强的也会被煎熬掉。火星有点冷，但并非绝对的寒冷。外行星更冷。

宇宙用户指南

　　那么木星，那颗太阳系中最大的行星如何呢？如果生命在那颗星球上进化过，那里的引力比地球强大得多，那就确实会很奇怪——比如，巨大的似气球的动物飘浮在稠密的大气层中。

　　木星有 4 个大卫星，也许那有可能庇护生命。其中之一木卫二覆盖着厚冰，冰下是海洋。或许在这个海洋中存在着畅游的生物，为了寻找它们，现在有一个计划是用潜水艇送一个机器人上去。

　　但是太阳系最大的卫星是土卫六，它是土星众多的卫星之一。科学家已经在土卫六上安放了一个探测器，显示出那里有河流、湖泊和岩石。但是气温只有零下 170 摄氏度，那里的水都是冰冻固态。河与湖中流动的不是水而是液态甲烷——那可不是生存的好地方。

　　现在让我们把视野放宽，超越太阳系，去看其他的恒星。在我们银河系中有百亿颗类似的太阳。即使距离最近的也很遥远，以当今火箭的速度，要经过几百万年才能到达。同样，如果某个围绕另一颗恒星公转的行星上存在着聪明的外星人的话，对于他们来说访问我们很困难。比起穿越令人发怵的星际距离，发送无线电或激光信号要容易得多。

　　如果有回复的信号，那就可能来自和我们非常不同的外星人。的确，它可能来自机器，但机器的制造者可能已失去能力很久，或许已经绝种了。当然，也许存在外星人，他们存在并拥有大的"大脑"，但是他们和我们大不相同，因此我们不能识别或许也不能和他们交流。其中的一些可能不想显示他们的存在（即便他们真的在观察我们！）。也许存在些超级智力的海豚，愉快地在某些外星的深海中进行深刻思考，对显示其存在不做任何事情。另外某些大脑实际上是一群昆虫，它们一起行动，好像一个单独的智能体。那里也许还有比我们能够探测到的更多的智能物种。证据不存在并非不存在证据。

　　我们的银河系中有几十亿颗行星，我们的银河系只是几十亿中的一个。大多数人猜想宇宙充满生命——但那只是猜测。如今我们关于生命的起源以及生命进化的方式仍然知道得太少，甚至还不能够简单生命是否普遍。我们知之

宇宙用户指南

更少的是：地球上现存的简单生命很可能会以何种方式进化。我打赌（不管真假，你姑且听之），简单生命的确普遍存在，但智能生命则稀罕得多。

外太空也许确实完全没有智能生命。地球错综复杂的生物圈可能是唯一的。恐怕我们真的是孤独的。如果这是真的，那些寻找外星人信号，或希望某一天外星人会拜访我们的那些人会感到失望的。但是探索的失败不会让我们沮丧。其实这也可能是个好消息，因为有关我们在万物的伟大规划中的位置，我们可以多些自豪。我们的地球也许是宇宙中最有趣的地方。

如果对地球来说，生命是独一无二的，它可以只被视为一段宇宙的插曲——尽管也许是重要的。那是因为进化还未完成——的确，它可能更接近演化的开端而非结束。我们的太阳仅在中年。还要等 60 亿年，太阳才会膨胀吞没内行星并将仍在地球上的所有生命都气化。久远将来的生命与智慧和我们的差异也许和我们与虫子差异一样大。生命可能从地球上散布到全银河系，甚至进化至远超出我们能想象的极端复杂的形态。如此的话，我们的小星球——这个飘浮在太空中的浅蓝色的小圆点——可能是全宇宙中最重要的地方。

马丁

"哎哟，下雨了！"安妮说。她伸出手去接雨滴。巨大的雨滴正在落下，大约是地球上的 3 倍大。它们不像正常的雨，落得缓慢而且不是直线落下。它们混在大气层中，浮动旋转着，好像雪片。

"哦！不要那样做！"艾米特说，"那肯定是甲烷雨！我不知道你的太空服能经受多少纯甲烷，就会开始腐蚀。"

"等一下……"乔治凝视着那只奇怪的船，它正向岸边漂来。

"嘿！"安妮更尖刻地说，"我正闲逛呢，反正这里也没什么好做的。"

"上面写了些东西！"乔治说。

"呵，挺恐怖的！"安妮倾身向前，想看得更清楚些，此时巨大的雨滴正轻柔地溅在她的太空头盔上。"真有字。我现在能看到了……嗯，大走鸿运了！"她盯着那个圆形物体说道。现在，圆形物体已经荡到湖边。"看哪！它确实来自地球！上面是人类的笔迹！"

在冻结的物体的一面，他们看到"惠更斯"几个大字。

"艾米特，上面写着'惠更斯'。"安妮报告道，"那是什么意思？它不是炸弹，是不是？"

"根本不是！"艾米特回答，"那说明你们找到了惠更斯太空探测器——人类送上土卫六的探测器！我认为它再也不能工作了，但那也相当酷了，的确酷，好像零下 170 摄氏度那么酷！"

"但还不止这几个字！"安妮呼喊道，"上面还有其他字呢！有外星人的字母呢！"

乔治站在她的对面，现在看得清楚了。"这是瓶中信！"他叫道，"啊，不对！是在太空探测器上的信息。"

在探测器上，还画着一排图画……

第十一章

　　话说地球上，艾米特此刻正坐在清洁间中央的地板上。守着 Cosmos，《宇宙用户指南》摊开在他的面前。门口的清洁机忽然"呼呼"地转动起来，门上的红灯闪亮，上面写着"净化"，随着红灯闪亮，机器还发出很响的"嘟嘟"声。因为艾米特在进来时清洁机对他刷来刷去，又伸入他的白外套左掏右掏，弄得他手忙脚乱，那时他几乎没注意到门上的标记。但现在他不可能不注意了。那表明有人即将进来！

　　他一跃而起，心也在"怦怦"乱跳。他不愿意移动 Cosmos，此刻电脑已经准备好将安妮和乔治从土卫六送到他们认为能够发现下一条线索的地方。而当 Cosmos 在执行这么重要和困难的任务时，他也不想让周围荡来荡去的人打扰 Cosmos。

　　艾米特突然认出是一段看似亮黄色烹饪用的锡箔。事实上，那是探测器在太空旅行时，用来保护它们不会因太阳光线而受热过度的覆盖物。他轻轻地把那段锡箔放在 Cosmos 周围，然后站在电脑前面。他试图给人以无忧无虑的印象，漠不关心的姿态，似乎他随意漫步到清洁间，潜行在准备太空旅行的大机器周围。他再次调整了自己的面具，希望进来的不管是谁都不会认出他其实是个孩子，

而以为他是个个头很小的清洁间操作员。

　　一个人影从净化机器上弹了出来。他穿着白衣摇晃了几下，直到站定。现在不可能猜出是谁，因为净化机把面具和头盔给放反了，因此本来该是眼睛和下巴的地方都是黑头发。

　　"哎哟！"人影叫了起来。他被组装一半的卫星绊倒了，"哦，强子碰撞！"他一跛一跳地走来。"我碰到脚趾头了，哎哟！哎哟！"

　　艾米特一阵胃痛，那种感觉好像是吃了明明知道会过敏的东西。白衣服下只可能是一个人，而这人又是艾米特此刻最不愿意看到的。

　　一跛一跳的人影不再跳跃，他剥掉戴反了的面罩和头盔，居然是埃里克。

　　"啊，"他低头看着伪装在白衣里的艾米特说，"碰巧呵，你在这里工作？"

　　"哦，是的，是的，我在这里工作！"艾米特以自己最低的嗓音回答。"绝对的，做这事好多年了。许多许多许多年了。实际上，我是真正的元老。你看不出来那是因为我脸上戴了面罩。"

　　"只是你看来，有点……嗯，略微，恐怕……"

　　"我以前高一些，"艾米特以成熟的声音说，"我变得这么老了，我就缩小了。"

　　"是呀，是呀，有趣，"埃里克镇定地说，"嗯，事情是这样的，先生……"

　　"嗯，嗯，"艾米特清清嗓子，"是教授，如果你不介意。"

"当然，教授……？"

艾米特有点慌了。"史波克教授，"他胡乱一说。"史波克……教授。"埃里克慢慢地重复。

"哦，是，"艾米特说，"对的。公司……大学的史波克教授。"

"好吧，史波克教授，"埃里克说，"我想知道你能否帮助我。我正在找几个我觉得好像丢失的孩子。也许你在附近什么地方见过他们，大约是这么调皮这么大年纪，你可知他们到哪里去了？安全摄像机看到他们是走在这条路上。"

"孩子？"艾米特粗声重复道，"很讨厌。他们不在这里。我的清洁间没有他们中的任何一个。没有，从来没有，没有孩子。"

"事情是这样的，"埃里克温和地说，"我真的需要找到他们。首先，我担心他们，想知道他们是否都好。而且还因为我们有个紧急情况，这与一个丢失的孩子有关。"

"与一个丢失的孩子有关？"艾米特说，已经忘记使用他的成年人声音了。

"事实上是有关他的爸爸。"埃里克告诉他。

"他的爸爸？"艾米特迅速地掀起面罩。"我爸没事吧，他发生了什么事吗？"他的眼里噙着泪水。

"呵，艾米特，不，"埃里克用手搂着他，轻轻地拍着他的后背。"不是你爸爸，是乔治的爸爸。"

埃里克于是告诉艾米特乔治爸爸到哪里去了，为什么去那里，

怎样迷失在南太平洋，但是净化器开始运作的声音打断了他的讲话。"嘟！嘟！"门上红灯闪烁，又有一个人进入净化器了。

"把你讨厌的机械手从我身上拿开！"他们听到了愤怒的叫声。"我是一个老太太了，放尊重些！"

那边发出"嘎吱嘎吱"的声音，机器似乎在碾动中暂停了，门被推开，紧接着一阵跺脚声，一个拽着拐杖和手提包的老太太横眉竖目地冲了进来——拐杖和提包都被白色塑料布严实地包上了。

"嘟嘟"声停止了，红灯亮着但不闪动了，"老天爷，这到底是什么地方？"老太太查问道。她根本没穿白外套，还是穿着家常的斜纹软呢子衣服。"我可不要受这什么该死的机器款待。哎，埃里克！"说话间，她认出了埃里克。"我找到你了。你也知道，你不可能从我这里脱身吧。"

"我正着手做这件事情。"埃里克嘀咕着。

"你说什么？我耳聋——你得写下来。"她撕开包着提包的塑料布，翻找着笔记本。

"艾米特，"埃里克以听其自然的语调说，"这是梅布尔，乔治的奶奶。她到这里来要我帮助找出乔治爸爸——特伦斯的去处，我告诉你了，他迷失在南太平洋上。我先前收到的警报，原来是梅布尔发来的，那是乔治妈妈黛西联系上她的。"他拿起梅布尔的笔记本，潦草地写道：梅布尔，这是艾米特。他是乔治的朋友，他正要告诉我乔治和安妮去了哪里。

165

太空中的卫星

卫星是一个天体，它围绕着另一天体旋转，像是月亮围绕地球旋转。地球是太阳的卫星。然而，我们倾向于使用"卫星"一词的意思是人类制造的，被一只火箭送入太空的执行特定任务的天体，特定任务包括导航，监测天气或通信。

公元 1000 年左右，古代中国人发明了火箭。几百年之后，1957 年 10 月 4 日，当苏联用火箭将一颗卫星送入绕地球的轨道，太空时代才真正开始。"史泼尼克"（苏联人造卫星），一个能够向地球送回微弱无线电信号的小球体，引起一阵轰动。当时人们称之为"红月亮"，世界各地的人都打开收音机接收它的信号。位于英国 Jodrell Bank 的"马克"1 号望远镜是第一台大型射电望远镜，被当作追踪天线以标出卫星的航线。"史泼尼克"发射不久，就有了"史泼尼克"2 号——因为这颗卫星载了一个旅客，因此又被称为"Pupnik"！莱卡，一只苏联狗，成为第一个从地球旅行到太空的生物。

美国人于 1957 年 12 月 6 日试图发射自己的人造卫星，但是它只离开地面 1.2 米火箭就爆炸了。1958 年 2 月 1 日"探险者"1 号成功得多，不久地球上的两个超级大国苏联和美国就开始了最大的空间竞争。当时他们相互间总是猜疑，不久即意识到用卫星做间谍的好处。这两个超级大国通过卫星在地球上空拍下的照片，都希望知道另一方在做什么。卫星革命开始了。

卫星技术的发展最初是为军事和谍报需要的。20 世纪 70 年代，美国政府发射了 24 颗卫星，它们传回时间信号和轨道信息。卫星成就了全球定位系统（GPS）。这项技术使军队能在夜间穿越沙漠，远程导弹能够精确命中目标，现在却被千百万普通司机用以避免迷路！称为卫星导航的技术——简称为卫导——也帮助救护车更迅捷地抵达伤者所在地，帮助海岸巡逻队更有效地完成搜救任务。

卫星也永远改变了全世界的通信。1962 年一家美国电话公司发射了通信卫星，这颗卫星首次从美国向英国和法国直播电视节目。英国人只看到几分钟的模糊画面，但法国却接收到清晰的声音和画面。他们甚至设法传回伊夫·蒙当

太空中的卫星

唱的歌："放轻松些，你在巴黎！"在卫星技术之前，大事件要拍成影片，再将影片运送到他国放映。但有了通信卫星之后，世界大事——诸如 1963 年美国总统肯尼迪的葬礼，或 1966 年的世界杯——都在第一时间向全球直播。今天手机和因特网是使用卫星的另一方式。

卫星图像不仅用于谍报活动！从太空回观地球使我们看出地球和大气层的模式。我们可以用来测量土地，看看城市如何扩张，沙漠和森林怎样改变形状。农民可以使用卫星图来监控他们的庄稼，决定哪块地需要施肥。

卫星也转变了我们了解天气的方式，使气象预报更为精确，并显示世界范围内各种气象模式出现和运动的方式。卫星不能改变天气，但它们能跟踪飓风、龙卷风和暴风，赋予我们预警恶劣天气的能力。

20 世纪 90 年代后期，美国 NASA 的"托帕克斯 / 海神"卫星绘制海洋图，为气象预报者提供了足够的信息以辨识厄尔尼诺现象。而美国 NASA 最近发射的另一系列卫星"詹森"，旨在收集有关海洋在决定地球气候时扮演的角色的信息。这将帮助我们更好地理解气候变化，展示给我们极地冰盖融化、内海消失、海平面上升的细节图像——我们现在急需这些信息！

正如卫星可以往回看地球，转变了我们对自己星球认识的方式，它们也改变了我们对周围宇宙的认知。"哈勃"空间望远镜是第一台大型的空间天文台。它绕地球公转，"哈勃"望远镜帮助天文学家计算了宇宙的年龄，并表明了它正在加速膨胀。

如今大约有 3000 个卫星围绕地球公转，全部覆盖了这个星球的每一平方厘米的土地。它们现在相当拥挤并可能危险。在地球低轨道，卫星运行很快——大约一小时 18000 英里。它们极少发生碰撞，可是一旦发生碰撞，就会很糟糕！即使一个小油漆滴以那样的速度运动，如果它击中航天器，都会造成损坏。现在大概有百万个航天垃圾碎片围绕地球公转，但只有大约 9000 个比网球大。

梅布尔看看艾米特，笑了，那是一个洋溢着友好和热情的笑。"哦，埃里克，你记忆力居然这么差！我和艾米特在机场见过，是老朋友了。记住，我很聋，如果你要和我说话，你得写下来。"

"长寿健旺。"艾米特说，一只手在她笔记本上写着，另一只手向她致以瓦尔坎人（《星际迷航》中的虚拟行星上的人）的敬礼。

"谢谢，艾米特。"梅布尔说，"我年纪确实很大了，而且非常健旺。"她也向他回礼。

"但是我不懂。如果乔治爸爸在太平洋上，你在这里怎么救他？"艾米特问埃里克，"你要发射一个火箭去接他吗？"

"啊，咳，你忘了，"埃里克说，"我——喔，实际上是全球空间部——拥有围绕地球运行的卫星。我们的太空任务不仅是向外观测

宇宙，而且也要回望地球，因此我们知道自己星球上正在发生什么事情。我们已经请卫星部仔细观看太平洋那部分，看他们能否辨识特伦斯。一旦我们知道他在哪里，我们就会让黛西和他朋友知道，他们就能派人到那里去解救他。因此让我们祈祷等候，特伦斯应该没事。"

艾米特问："卫星可以测量上升的海面吗？"

"嗯，是的，它们能，"埃里克说，"只要他们请求帮助，我会乐意帮助的。但尽管如此，人类探险和真实经历仍然非常重要。在旅行中，人们会学到很多其他的东西，而那些卫星帮不了这些忙。但我们本来是可以一起做这项目的。也许现在就要一起做。黛西打电话给梅布尔说特伦斯失踪了，梅布尔就直接找我来了。当然，这样做是正确的。我们应该随时监测他，"他稍有些自负地说完，"无论怎样，乔治和安妮到哪里去了？你们在玩捉迷藏吗？"他笑望着艾米特，而艾米特吓坏了。

"我们正在玩一种游戏。"艾米特结结巴巴地说。

"哦，好啊！"埃里克说，"梅布尔，孩子们正在玩游戏！告诉我们，我们可以加入。我可以玩得尽兴，因为反正我错过了升空。"

"你知道，就像是寻宝。"艾米特慢慢地说。

"是……"埃里克说。

"游戏？"梅布尔问，"多刺激啊。"

"就像，你掌握了一些线索，然后你跟踪这些线索，发现你需要到那里去。"艾米特继续说着，但愿此刻能把自己发射到太空中去，于是他就不需要说完他必须说的话了。

埃里克拿起梅布尔的笔记本，潦草地在上面写着。

"寻宝啊！真好！"她读着埃里克写的内容，惊叫着。"哎呀，我的记忆，这只不过是你的记忆吧，埃里克！你的手书也很糟糕。你这么多年怎么活过来的？"

"那么是什么线索？他们去了哪里？"

埃里克仍然笑着，这时 Cosmos 从它的反射热毯子下面大声说道："砰！输送完毕！任务的第三阶段正在进行。"一听到 Cosmos 的声音，埃里克立刻笑不出了。他跑向那堆闪光的变皱的锡箔纸，将它掀开，超级电脑现身了。"那是我的电脑！"他的叫声是如此之大，即使梅布尔都能听得很清楚。"那么安妮和乔治在宇宙的什么地方？"

第十二章

　　就在这恐怖的瞬间，埃里克看起来是那么愤怒，在艾米特闪过的视线里，埃里克好像是超新星爆发出的辐射，其亮度使整个银河系暗淡无光。他对艾米特怒目而视，眼中充满了核子爆发般的烈焰。

　　"如果你做了我认为是你做的……"他说。

　　艾米特的嘴好像金鱼的嘴一样一张一合。他试图说话，但发不出声音来，只发出奇怪的"咯咯"声。

　　"安妮和乔治在哪里？"埃里克轻声但很严厉地问道，脸色因紧张而发白。

　　"啊……啊……啊……"艾米特结巴起来。

　　梅布尔睁着眼睛看看埃里克，又看看艾米特，她竭力想弄清楚发生了什么事。

　　"告诉我是怎么回事，"埃里克说，"我要知道。"

　　艾米特嘴唇在动，但就是讲不出话来。他尽力忍住不哭，但是已满眼泪水了。

"好吧！"埃里克说，"如果你拒绝告诉我，那么我就问 Cosmos。"他跪在电脑前，开始愤怒地乱敲键盘。"你怎么能这样做！"他自言自语道，"你怎么能这样做！"

梅布尔蹒跚地走向艾米特，递上自己的笔记本和铅笔。

她对他耳语道："如果有什么事难以说出，或许你可以写下来？然后你有什么事要告诉埃里克的，我能替你说。"

艾米特感激地看看她，接过笔记本和铅笔。他咬着铅笔头，不知道要从哪里写起。

梅布尔亲切地说："如果我向你提问怎么样？那也许我们就能开始了。为什么埃里克这么生气？"

"他生气是因为我们拿走了他的特别的电脑，Cosmos。"艾米特工整地在梅布尔的笔记本上写着。

"Cosmos 怎么特别呢？"梅布尔问。

"它可以送你穿越宇宙。"

"安妮和乔治去宇宙旅行了？"

艾米特点点头，他的大眼睛满是恐惧。但梅布尔对他笑了笑，示意他继续写下去。他深深地吸了一口气，把笔再次放在纸上。"他们在土卫六上面，但他们刚通过门道走入距离我们最近的恒星系统，半人马座阿尔法星。他们认为在那里会找到下一条线索。最初的线索是他们在地球上找到的，第二条线索是在火星上找到的，第三条要在土卫六上找。"

"啊，寻宝啊。"梅布尔理解地点点头。

埃里克依然在 Cosmos 上胡乱尝试，但看来电脑并不合作。"离开！拒绝进入！"超级电脑很生气地说。艾米特紧张地瞅了他们

172

一眼。

梅布尔问："谁留给他们这些线索呢？"

"我们不知道。"艾米特写着，"但是每一个信息的结束都是相同的。那就是如果我们不听从，它威胁要毁灭地球。"

"还有更多有关这些线索的线索吗？"

"嗯，"艾米特写着，他有点开始乱写了，"我确实解答了一些问题，但我不一定对……"他画了一些圆点。

"继续，"梅布尔说，这时艾米特沮丧地发出哀叹，她镇定地把手放在他的肩头，"我们马上就对付他。"

"第一条线索是他们在地球上获得的，那里已经有生命。第二条是在火星上，我们想那里过去可能有过生命。第三条是在土卫六上，就是土星的卫星。土卫六也许像生命起源之前的地球。因此我们想他们是为了寻找第四条线索而去了半人马座阿尔法星，那里是太阳系之外最接近我们的恒星系统和我们要寻找生命迹象的地方。他们必须在双恒星系统里找到一颗行星。那就是线索里所说的。"

梅布尔说："因此你认为他们是在寻找宇宙生命的轨迹，以防止地球上的生命毁灭，你真是个很聪明的孩子，艾米特。埃里克！"她在埃里克的背上戳了戳。

"别惹我，我很忙。"埃里克说道，此刻 Cosmos 正对他发怒。

"嗯，你活该！"梅布尔说，"我告诉你。当你到我这把年纪，无论别人要不要听，你都有说的权利。埃里克，你把这可怜的小男孩吓得都不能告诉你他所知道的事情。如果你能尽量对他和蔼些，他就不会害怕，而且会帮你解决问题。"

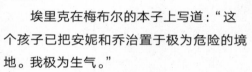

埃里克在梅布尔的本子上写道："这个孩子已把安妮和乔治置于极为危险的境地。我极为生气。"

"那我们知道，"梅布尔说，"但你也在浪费宝贵的时间，你需要听一听。请你停止责备艾米特。"

这一下埃里克真的暴怒了。"他莫名奇妙地动了我的电脑，而且没告诉我，"他怒吼道，"然后他让安妮和乔治到外太空去了，去追踪一些怪信息，安妮以为那些信息是自己通过电脑接收的外星人的信，其实那时电脑甚至都不工作了，而且外星人根本不存在。而现在，Cosmos 又出了故障，我们都不知道还能不能把他们弄回来！"

梅布尔听清楚了每一个字。"哦，停下来！"她厉声说，"这不是艾米特的错。这件事全是你的女儿和我的孙子干的。这是证据确凿的。乔治告诉我他必须去佛罗里达，因为安妮有重要事要他做。肯定是这个了。他们去执行这任务，因为他们相信地球遇到了危险，他们需要为此做些什么。他们在地球上收到了第一条线索，但艾米特告诉我，当他们按照这条线索到达火星时，又发现了另一条线索

174

在等着他们。这条线索把他们送到土卫六上。他们刚刚离开土卫六去寻找附近的一颗行星"——梅布尔看了看她的笔记本——"半人马座阿尔法星。"

"什么？"埃里克说，"你的意思是他们不是去玩，不是去乱来？你是说他们真是去探测，发现了一条线索，然后进一步寻找？"

艾米特点点头，他的眼睛紧闭着。

"以爱因斯坦的名义，这一切该怎么办？"埃里克满怀狐疑地问道。

"嗯，当我给 Cosmos 升级时，我写了一个远程入口的应用程序。"艾米特小声说，他终于敢出点声了，"我非常抱歉。"

埃里克取下眼镜，揉了揉眼睛问道："你是说他们在火星上登陆后，发现了另一条线索在等待他们？"

"是的，"艾米特说，"那是'荷马'号的轮胎在火星表面画的图。"

埃里克戴上眼镜，跳了起来。"艾米特，"——他把艾米特举起放在自己肩上。"对不起，我不该对你大声呵斥。真是的。我需要立刻去找安妮和乔治。你能把我送上半人马座阿尔法星吗？"

艾米特的心情放松了一些。"我可以试试。"他不安地说，"但是 Cosmos 有点难搞，我担心他现在已经用了太多的内存。我不知道如果我又将一个人送过入口将会发生什么状况。"

但是埃里克已经去拿他的宇航服了。

艾米特一屁股坐下，盘腿坐在 Cosmos 的前面。梅布尔站在旁边，惋惜地说道："我的关节老得不中用了，我蹲不了那么低看你操作。"

"哦！"艾米特说。他立刻站起来，抱起 Cosmos，把它放在组

装一半的卫星旁边，放好后，乔治的奶奶能看到屏幕了，他又拿过一些备用零件，凑合成一把"坐椅"，让梅布尔可以坐下。

梅布尔说："谢谢你，艾米特，你真体贴。"

"不客气。"他认真地说。他又试图把一些亮黄色的锡箔纸当作毯子盖在梅布尔的膝盖上，但是她推辞了。

"你干你的吧！"她柔情地说，"弄你的电脑，不要担心我这个老太太。"

艾米特紧张地输入个人密码，等着看 Cosmos 是否对他会像对埃里克一样不耐烦。"同意进入。"Cosmos 礼貌地说。然后艾米特输入一条命令，这条命令可能找到门道上次的活动情况，于是他就能够在地球上建立另一个门道，通过它把埃里克送到安妮和乔治那里。他并不很担心 Cosmos 的态度，他担心的是他完成这些重任的能力。

"行星……轨道……半人马座阿尔法星……"Cosmos 缓慢地说,"寻找上次入口在半人马座阿尔法恒星系统活动的坐标……寻找……在轨道上的行星……探寻信息……寻找上次入口的位置……"小小的沙漏出现在 Cosmos 的屏幕上。艾米特又按了几个键,但 Cosmos 并没有回应。只有小沙漏闪了几次,似乎提醒艾米特 Cosmos 正忙着呢。

当他们等待时,艾米特在梅布尔的本子上写道:"我想他会用尽内存,在远距离操控这些入口时,他用了太多内存。现在最重要的是,我们别问他太多困难问题。"

"我们需要知道什么?"梅布尔问。

"我们需要知道 Cosmos 把安妮和乔治送到哪里去了。他们请求他在半人马座阿尔法恒星系统为他们找到一颗行星。"

"那么你怎样才能在太空中找到一颗行星呢?"

宇宙用户指南

如何在太空找到行星

行星自身并不产生能量，相对于那些具有核能支持的母恒星，它们黯淡无光。如果你用强大的望远镜对着一颗行星拍照，它的微光将被它所环绕的恒星之强光遮盖。

然而，行星可以通过它们作用在其母恒星上的万有引力被探测到。行星用引力吸引苹果、卫星或人造卫星，同样也吸引母恒星。恰如一只狗能用拴狗皮带使劲拉它旁边的主人，一颗行星也能用引力作为皮带全力拉着它旁边的母恒星。

天文学家能够观测到一颗距离不远的恒星，尤其是像半人马座阿尔法 A 或 B，看看它是否受到旁边一颗看不见的行星的引力作用。该引力作用引起的恒星的运动便是行星存在的迹象，而且这种运动可以通过两种方式探测。

（1）从恒星来的光波接近或离开我们地球时，光波被挤压或拉伸（称为多普勒效应）。

（2）将两只望远镜作为一体来观测，可以将来自恒星的光波合并以探测恒星的运动。

这些技术可用于探测像地球那么小的行星，也可探测土星那么大的行星。也许有一天，你能发现一颗别人都从未发现的行星。

杰弗里

第十三章

"咦!"安妮说,当他们通过入口,即将从土卫六飞往 Cosmos 替他们找到的绕恒星半人马座阿尔法 B 公转的那颗行星时,她用手臂护住自己的眼睛。幸亏几秒之后,她太空头盔上的护目镜变暗,视觉开始恢复。

"呜!真亮。"乔治说,他正跟在她身后走出入口。这次他们想要比在火星和土卫六上着陆准备得更好些。他们拿出太空服所带的紧急救援绳索和金属挂钩,准备把他拴到新行星的表面上。但当走出门道时,他们就这一回没有飘浮,他们感觉比在地球上还重。虽然仍然可以行走,但每次抬腿都需努力才能向前移动。

"哦!"安妮说,她丢掉绳子和挂钩,"我觉得好像被压扁了。"她的感觉,就好似有人把她向惨白的地面推。

"引力够大的!"乔治说,"我们一定是在类似地球的行星上,但这个行星的质量更大些,因此我们感到比在地球上有更强的引力。

179

但不能大得太多，否则我们立马就被压碎了。"

安妮呼出一口气说道："我要坐下来，真的累了。"

"不行，不要这样！"乔治说，"你或许再也起不来了。你绝不能坐下，安妮，否则我们永远无法离开这里。"

安妮呻吟着，靠向乔治，她感觉自己太重了，乔治蹒跚走着，保持垂直状态，同时抱住安妮。

他急促地对安妮说："安妮，我们必须找到下一步的线索，然后离开。这里的引力太大了，我们的体形不能在这种条件里生存。如果我们是蚂蚁，我们就没事了。但在这高引力的地方，我们的体躯太大了。这里也太亮。我的眼睛开始疼了。"

火星以及土卫六肯定比地球黑暗得多，这颗星亮得刺眼。即使戴着犹如超暗墨镜般的太空护目镜，还是很难看清周围。"不要直接看太阳，"乔治警告道，"它比我们地球上的太阳甚至更亮。"

这里真没多少可看的。在他们四周，延绵数里的顽石，在白光下炙烤，强光直射在这颗又重又热的行星上。乔治焦虑地注视着周围，找寻着可能帮助他们发现第四条线索的标记。

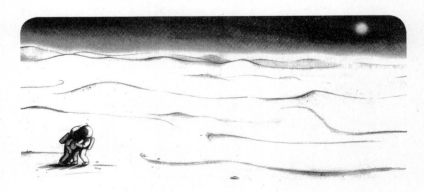

"那里是什么?"现在安妮已经全身靠在乔治身上了,她向一个方向摆动手臂,话语变得缓慢而且含糊。

乔治用力推她。"安妮!醒醒!醒醒!"这颗怪异的行星的光亮和重量好像把她麻醉了。他试图呼叫 Cosmos 或艾米特,第一次,他听到占线的信号,片刻之后,一个录音说:"你的电话对我们很重要。请按#号键再按 1 接通电话——"但是录音接着就中断了。

安妮笨重地靠在他身上。在这颗行星上她真重——乔治感到身上好像压着一只小象。乔治站在那里,安妮的头靠在他的肩膀上,他搂着她,开始感到恐怖。他想象着当未来第一批星际旅行者航行到围绕离地球最近的这颗恒星公转的无名行星时,他们可能发现两个人类的孩子被烤焦的遗体,在这片干焦的土地上化成碎片了。他有些眩晕,他臆想那些人跳出航天飞机,正要宣布发现了一颗新行星,却发现两个孩子早已涉足,他们经历了 4 光年迢迢的旅行,只是为了来到这残酷之处,在它燃烧的恒星之下丧生。

但就在他即将丧失希望,跌倒在地上时,天上的光线开始变暗了。天色从明亮的白光变为柔和的黄色。

他急忙摇晃着手臂中的安妮,说道:"看,安妮!太阳正在落山!你会没事的!只要再坚持几分钟。太阳就会穿过天空——嗯,快过地球上的太阳。它一旦落下,我们就能凉快些,可以去找寻宝的线索了。"

安妮从他的肩膀上抬起头,向他的背后遥望,喃喃地说道:"嘿,但是太阳不是落下,而是升起……真漂亮,"她继续说着梦话,"明亮的星星从天空升起……"

"安妮,那不是升起!"乔治说,他想她肯定产生幻觉了。他们周围的光线慢慢地变暗了。

"别傻了。"安妮听起来有些气恼,她的声音有力了一点。乔治松了一口气——如果她能和他争论,感觉一定会好一些。"我知道从下而上,我告诉你它正在上升。"

他们隔开了几厘米,站在那里看着对方的肩膀。

"那个方向,"安妮指点着,"是上。"

"不,在那边!"乔治说,"下!"

"向后转。"安妮命令道。

乔治慢慢转过身来——在这高引力的行星上,不可能很快移动。在他身后天空上,一颗小小的明亮的太阳正在布满岩石的行星上升起。它的光照虽然并没有行星另一边的那颗太阳那么亮,但却温柔地照在他们身上,显然,这明亮贫瘠的行星上不常有黑夜。

"当然!我们在双子星系统里,正如关于寻宝的线索所告诉我们

的！这颗行星有两个太阳！"乔治说，"我确信我在网络上看到过这个恒星系统。一个太阳大于另一个——那个下山的肯定是半人马座阿尔法 B，也是这颗行星围绕公转的恒星。因为我们距离它更近些，看起来大些。而另一个肯定是阿尔法 A，人马座的另一颗恒星。实际上阿尔法 A 更大一些，但我们距离它较远一些。"

现在光线变得更柔和了，他们能够看清更多的周围景色。就在不远处，他们看到了行星表面上大洞的边缘。

安妮提议道："咱们去那边看看。"

乔治提问道："为了什么？"

"因为没有其他地方可看！"安妮耸耸肩膀，"或许另一线索就在那下面。在火星和土卫六上，Cosmos 都把我们送到离新线索很近的地方。你有什么更好的主意吗？"看来她又恢复了平时那种难缠的本性。

"没有。"乔治说。

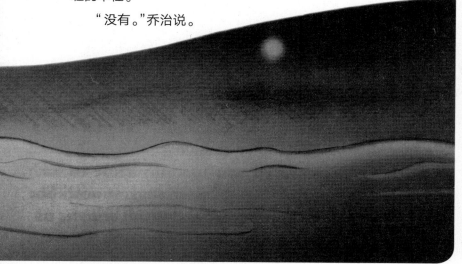

他再次试图和艾米特联系,但又一次听到占线的声音。

"快点,"安妮说,"但我不想走路。"她双手和膝盖着地,开始爬向那个陨石坑。

乔治试图走动,但是如此之难而且很慢——他感觉像《绿野仙踪》中的锡人,为了移动必须先把腿甩到前面去。因此他也趴下来,跟随安妮,而她现在已在陨石坑边缘向下探头,看看坑底有什么东西。

她看到这个由彗星小行星撞击裂开的坑中空空如也,失望地说:"什么都没有。"

乔治在她身边蠕动着。"那么我们到哪里去找下一条线索?"但他的话突然停住了,因为就在此刻,在巨型陨石坑的最底部,他们看到了什么东西,那是他们绝对未曾料到的东西。

他们看到一个门道的框架,先是模模糊糊,但很快变得很清晰了。只见一双太空靴一前一后闪过门道,也就在这一刻,乔治太空头盔中的传音器"嗡嗡"作响,又开始工作了。

他听见了传音器中的声音:"乔治!我是奶奶!"

第十四章

　　在陨石坑底，埃里克敏捷地走出门道入口，但立即倒在地上。其实他准备一跨出 Cosmos 的门道，就批评孩子们。但当他一踏上这遥远的行星时，他所说的就只有"啊！"

　　"爸爸！"安妮在陨石坑顶叫了起来，她的眼泪在太空头盔里迸流，早已不在乎他是否要生她的气。她见到父亲时只感到欣喜若狂，从陨石坑边缘摇晃着滑行下来，全靠肚子蠕动。埃里克正要翻身站起，安妮冲过，紧紧地拥抱着他。

　　她哭诉着："爸爸！这里真令人厌恶！我不喜欢这颗行星。"

　　埃里克大大地叹了口气，连几百万英里之外地球上的艾米特和梅布尔都听到了，他决定现在不数落他们了，以后再说，这两个孩子真不该再擅自进行一次太空旅行，但他还是拥抱了安妮。

　　乔治的奶奶却毫无保留。"乔治！"她通过地球连线严厉地说，"我无法相信你不告诉我就把我绑在这个危险的计划里！我很生气，你没有真实地告诉我为什么来美国……"她大声喊着说着，乔治希望能把音

185

量弄小一点，犹如艾米特曾经对 Cosmos 做过的那样。但那时他正向下看着陨石坑，看到埃里克正示意他过去，和他们在一起。

"对不起，奶奶！"乔治说，"我必须走了！我们一会儿再谈吧。"他滑到巨坑的底部，来到埃里克和安妮中间，在这围绕半人马座阿尔法 B 公转的无名行星的陨石坑底部，他们穿着太空服拥抱在一起。

"我必须关闭入口几分钟，"艾米特的声音传来，"我不能既维持入口，又利用 Cosmos 同时做所有其他我要做的事情。因此当入口消失时，你们别慌。我会马上让他带你们回来。"

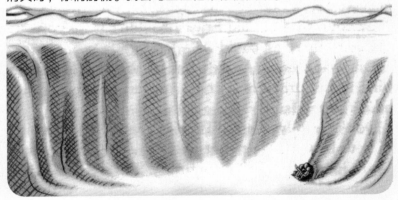

入口门道变得半透明了，开始模糊而去。乔治、安妮和埃里克靠着陨石坑墙弯曲的表面躺下身来，他们都凝视着阿尔法 A，这个星体正在清朗深蓝的夜空穿过。

埃里克对躺在他两边的孩子说："那么，乔治、安妮，现在我们又在一起了。再次迷失在太空。"现在入口已完全消失了。

安妮吸着鼻子说："我们现在可以回家了吗？我已经受够了。"

"立刻，即刻，"埃里克镇定地说，"只要艾米特把逆行入口再次开通我们就回家。"

"怎么回事！"乔治叫了起来，他试图坐起来，但感到自己没有力量克服引力。"你的意思我们不能回地球了？"

"恐怕现在不行，"埃里克轻声说，"Cosmos 现在有问题，但艾米特会解决的。如果我不确信他是那个工作最好的人选，我不会让他负责的。他已经用 Cosmos 做了我甚至想都想不到的事情。"

"你是说即使你知道我们可能回不去了，也要到这里来找我们，是吗？"安妮说，"那么我们可能会永远被卡在这儿了？"

"我当然要找你们，"埃里克说，"我不能让你们迷失在这里，我怎么能那样做呢？"

"哦，爸爸！"安妮哭了，"我真对不起你！现在我们要被整个可怕的恒星烤成土豆片，都是我的错！"

埃里克肯定地说："别傻了，安妮。这不是你的错，都会好的！我们不会在此久待到变成薯片，但在此阿尔法 B 再次升起之前，我们确实要离开。即使穿着你的太空服，对我们来说在这颗行星上还是太热了，因为距离它的恒星太近了——这也是为何这里没水没生命。但我们将去其他地方，那些好些的地方。"

"那么 Cosmos 还能把我们送得更远吗？"乔治满怀希望地说。他这辈子都不想再看到阿尔法 B 炫目的光亮。

"是的，"埃里克说，比他感觉的更有信心，"有时我们必须走得更远，以便我们可以回去。因此如果我们觉得向不正确的方向旅行，也不要担心。想想获胜的前景。"

乔治问道："阿尔法 B 多久会再次升起？"

埃里克说："我不能肯定，但我们必须在拂晓前离开。"

安妮问道："我们将去哪里？"

"另一颗行星，"埃里克告诉她，"Cosmos 正在找另一颗行星把我们送去。艾米特告诉我，你们已经跟随线索穿越宇宙——类似太空寻宝。"

"嗯，是的。"乔治承认，"我们一直走，因为每个地方，我们都能找到另一条线索，而那条线索把我们送到新地方。"

"你们来到这里是因为在土卫六上，你们发现了去双子星系统的线索，而那里有颗行星围绕着双子星中的一个恒星转动？"

"我们还以为我们真聪明呢。"安妮悲伤地说。

"你们是很聪明！"埃里克说，"我说你们三个。艾米特相信那些线索可以带你们在宇宙中寻找生命迹象。如果他是对的，那么要找出一颗在恒星的所谓黄金区域的行星，那颗星应该不是太冷也不是太热，正适合生命存在。"

"哦！"乔治说，"我知道了——这颗行星太热！所以我们知道

188

半人马座阿尔法星

半人马座阿尔法星离我们只有 4 光年多，是最靠近我们太阳系的恒星系统。在夜空中，它看上去似乎只是一颗单独的恒星，但实际上它是一组三合星。其中两颗恒星——阿尔法 A 和阿尔法 B 类似太阳，它们间的距离是太阳和地球距离的 23 倍——每 80 年绕共同中心运行一周。该三合星的第三颗恒星为比邻星，比前两颗恒星暗淡一些，并围绕它们转动，但距离它们十分遥远。在 3 颗恒星中，比邻星距离我们最近。

阿尔法 B 是一颗橘色的星，比我们的太阳温度低一点，质量也轻一点。一般认为，半人马座阿尔法系统形成时间，比我们太阳系约早 10 亿年。阿尔法 A 和 B 都和我们太阳一样是稳定的恒星，而且像我们太阳一样，可能是在原行星盘及围绕的尘埃生成的。

> 阿尔法 A 是黄色的恒星，非常类似我们的太阳，但更明亮而且质量稍微大些。

> 阿尔法 A 和阿尔法 B 是双子星。这意味着如果你站在围绕着它们之一公转的一颗行星上，在某些时候，你在天空会看到两个太阳！

2008 年科学家提出，和我们地球质量相近的行星可能围绕着这些恒星中的一颗或两颗。通过位于智利的望远镜，他们现在能非常仔细地监视半人马座阿尔法星，看它的星光小颤动是否向我们证明行星围绕着我们最近的恒星系统公转。天文学家正观测半人马座阿尔法 B，看看这颗明亮而平静的恒星能否揭示围绕它的类似地球的世界。

在南半球可以看到半人马座阿尔法星，在那里它只是半人马座中许多恒星之一。它正式的名字是——南门二，意思就是半人马的脚。半人马座阿尔法星是拜耳指定的名字（即属于 1603 年由天文学家拜耳提出的恒星命名体系）。

它不是适合生命的行星。"

"我能想到另一个理由怀疑它不是适合的行星。那条线索告诉了我们有多少颗恒星？"埃里克问。

"两颗。"乔治说。

"这里，"埃里克说，"有 3 颗。那颗有些模糊的恒星，一颗你只能在那里看到的星——那是比邻星，之所以这样称呼，是因为这颗恒星距离地球最近。这就是所谓的三合星。"

"哦，不对！搞错了行星，搞错了恒星系统。"乔治说，"现在我们该怎么办呢？"

"那么，你现在还相信我们的线索和信息吗？"安妮打断了乔治的话。

"我的确相信，亲爱的，"埃里克承认，"而且我很抱歉。我确信那些信息是给我的，不是给你们的。如果可能的话，我会立刻把你们送回地球。但是我现在不能那样做，而且我也不能把你们留在这里。因此我想我们必须一起去完成宇宙寻宝。你们愿意和我一起去吗？"

安妮靠近她爸爸，很肯定地说："我愿意。"

"我也愿意。"乔治说，"让我们做好这件事。找出是谁送来的那些信息。"

"我要呼叫入口了。"埃里克说。在陨石坑道一边，他们已看到阿尔法 B 的曙光，它在地平线下徘徊。"艾米特！"他喊道，"有可能向地球行进吗？"

"还没弄好，"艾米特说，"但我得到了一些相当好的消息……"

"你为我们找到了一颗刚好适合的行星，一颗像地球那么大的

处于黄金区域的行星？"

"肯定啦，"艾米特的声音相当微弱，"至少，我们有了发现。是我们最好的猜测。虽然是一颗卫星，而不是一颗行星。"

"Cosmos 能撑得住吗？"埃里克问。

"我只想让你们知道，"梅布尔插话道，"我已向乔治的父母承诺，不会让他在学校假期中再有任何麻烦！向特伦斯和黛西解释这件事我会感到很棘手……"

"Cosmos 正在运行，"艾米特有些紧张地说，"我几乎完成了逆行入口升级—— 一旦完成，我立刻就可以把你们带回来。你们可以等一等吗，我会把你们弄回地球的。"

明亮的光线偷偷穿过陨石坑，逐散了黑影。

"不，我们不能再等了，"埃里克说，"送我们往前走。梅布尔，你别担心，我们会很快回去的。"

宇宙用户指南

黄金区域

我们的银河系包含了至少 10000 亿颗由岩石构成的行星。我们太阳系共有 4 个：分别被命名为水星、金星、地球和火星，但只有地球上有生命。

是什么使得地球如此特别？

答案是水，特别是液态水。水是化学品最棒的混合剂，可以将它们溶解、扩散开去，也可以把它们聚拢来构成新的生物构造单元，例如蛋白质和 DNA。没有水，生命几无可能。

为了维持生命，一颗行星的温度要在 0 摄氏度和 100 摄氏度之间，如此水才能保持液态。

一颗绕恒星转动的行星若太靠近母恒星，它接收这么多的光能，热到烤焦的程度，所有的水都会变为蒸汽。

如果一颗行星距离母恒星太远，那么它只能接收到很少的光能，一直都会很冷，水将一直是冰。确实，火星上的水就是被困在它的南北极上的冰。

由于到每一颗恒星都有一定的距离，所以，一颗行星接收多少光就发出多少热。能量平衡起着恒温调节器的作用，从而保持微温——恰好让湖海中的水呈液态。在这个恒星的"黄金区域"，任何一颗行星数百万年来都是保持温暖的，并沐浴在水中，使得生命的化学过程顺畅进行。

杰弗里

第十五章

　　当他们通过入口时，阿尔法 B 升起来了，明亮地照在这颗又热又重的行星上。为了避免重新站起来的劳累，他们只好趴在"地"上靠双脚挪过门槛，而埃里克一过门槛就跃起来把身后的两个孩子拉了进来。

　　过了入口，他们发现能够站立在这新地方的岩石表面上了。他们既未飘浮也未被压扁。只觉得正常——他们既不需要绳索也不需要爬行，再次感到能轻松走动了。

　　光照来自太空中的一颗恒星，看去有点像在地球上看太阳，令人心旷神怡。这里既不显得太亮，也不显得太冷——不像火星和土卫六。岩石上没有冰，远处传来"汩汩"急速流动的声音，他们似乎是在一片岩石谷的谷底。

　　"那是什么响声？"安妮说，"我们在哪里？我们回到地球上了？"

　　"听起来像流水，"乔治说，"但在任何地方都不可能看到流水。"

　　"我们是在巨蟹 55 恒星系统，"埃里克说，"这是一个双子星系统——你在空中看到的那颗明亮的星是黄矮星。正如我们的太阳一样。更远处还有一颗红矮星。"

　　地球上的艾米特也插上话。"你们是在巨蟹 55A 的第 5 颗行星

194

的一颗卫星上，"他说，"第 5 颗行星是在可居住带——它的母恒星的黄金区域，但这颗行星本身是气体巨星，大概相当于土星的一半大小，因此我认为你不要在那里着陆。"

"做得好，艾米特，"埃里克说，"我还真没感觉到像从气体层中落下。现在没有感觉到，无论如何，你是选了个好地方。"

孩子们伸展着四肢，重新又能自由活动的感觉真好。

安妮问："我们可以把太空头盔摘下来吗？"

"不可以，绝对不可以！"埃里克说，"我们还不知道此地大气的成分。我查一下你的氧气压力表。"他看了看她的空气筒，发现已经接近红区了——也就是低到危险程度了。他又看了看乔治的，还在绿区里——里面还有不少氧气。埃里克什么都没说，只是再次呼叫艾米特。"艾米特，还有多久我们才能回到地球？"

安妮抱怨道："我饿了，你认为这儿会有什么可吃的吗？"

"我认为宇宙的尽头不会有饭馆。"乔治说。

"我们还没到宇宙的尽头呢，"埃里克说道，他在等待着艾米特的回答，"我们距离哪里都不近，但离家还是相当近的——只有

41光年远！我们甚至还没有离开我们自己的银河系。就宇宙而言，我们从地球到这里，就好像乔治从英国到美国来。虽然也算有一点旅程，但几乎不能算是远程的旅行。"

"那个线索怎么样？"乔治说，"难道我们不需要看看这里是否还有其他线索？我的意思是，我们不是说要从打算毁灭行星地球的什么人那里解救它吗？"

"嗯。"埃里克看起来有些焦虑，因为艾米特仍然没有回音。他接过乔治的话说："我想无论是谁送信给你，说要毁灭地球都是为了吓唬我们，我认为现在还不可能有任何东西其威力大到足以毁灭地球。毁掉地球，需要比人类曾经控制的大得多的能量。那不过是个威胁，只是为了让我们不去忽略他的信息。"

"但是如果信息是来自于外星人，他们掌控了我们甚至做梦都想不到的巨大能源呢？"安妮问，"你怎么知道宇宙内就没有超级种族？那些信总不是细菌送的，是吧？"

埃里克说："我想，那正是我们要竭力发现的。安妮，"他的语调变了一点，"你为什么不坐下来，休息一会儿？嘴巴停几分钟，恢复你的精力。"

"但是我不想住嘴，"安妮说，"我喜欢说话，那是我擅长的，还有足球。我擅长足球。还有物理。我在这些方面都有才气，是不是，爸爸？"

巨蟹座 55

巨蟹 55 是一个恒星系统，距离我们 41 光年之远，位于巨蟹座方向。它是双子星系统：巨蟹 55A 是黄颜色的恒星，而巨蟹 55B 是小一些的红矮星。它们相互围绕对方转动，两者间的距离是地球和太阳距离的 1000 倍。

2007 年 11 月 6 日，天文学家发现了围绕巨蟹 A 轨道上的第五个行星，那是破纪录的。除了我们的太阳，这是唯一的一颗有五颗行星的恒星！

1996 年人们发现了第一颗环绕着巨蟹 A 的行星，并把它命名为巨蟹 B，它的大小和木星相同，靠近母恒星公转。2002 年又发现了两颗行星（巨蟹 C 和巨蟹 D）；2004 年发现了第四颗行星巨蟹 E，巨蟹 E 与海王星大小一样，只需要 3 天时间就能围绕巨蟹 A 公转一圈。这颗行星热似火烧，表面温度高达 1500 摄氏度。

第五颗行星巨蟹 F 只有土星质量的一半左右，它处于可生存区域——或称为母恒星的黄金带。这颗行星是巨大的气体球——主要由氦、氢气体构成，好像我们太阳系中的土星。但是在黄金区域内，可能有环绕巨蟹 F 或者一些岩石行星公转的卫星，这些行星的表面上可能存在液态水。

巨蟹 F 在距离其母恒星 0.781 个天文单位（AU）的轨道上公转。天文单位是一种长度单位，天文学家用它来表示天体运行轨道的大小和天体与恒星的距离。一个天文单位等于 9300 万英里，是太阳和地球之间的平均距离。考虑到地球上有生命和我们行星的表面上有液态水，我们可以说距离我们太阳一个天文单位或 9300 万英里的区域位于我们太阳系的可居住带。因此对于那些大致具有我们太阳的质量、年龄和亮度的恒星，我们可以猜测，距恒星约 1 天文单位并绕其作轨道运行的行星可能在黄金区域内。巨蟹 A 是比我们的太阳年龄大些也暗一些的恒星，天文学家计算其可居住区域位于离它 0.5 ~ 2 天文单位之间，而巨蟹 F 正好处于这个位置！

由于每颗行星本身都产生星颤，因此辨认多个围绕恒星的行星并不容易。为了找出多于一个的行星，天文学者需要能够在多颤动中找出颤动的行星。加州的天文学家在监视巨蟹 55 号 20 多年后才做出了上述发现。

巨蟹座 55

巨蟹座 55 系统（左）与蝘蜓座（上右）中的小棕矮星尺寸比较图。

"我知道，"埃里克以安慰她的语调说，"但现在你氧气筒里的氧气已经很少了。因此我需要你为我安静一会，直到我们知道何时能够回家。"

乔治四下张望，捉摸着这颗岩石行星的沟沟坎坎，寻找急促响声的来源。突然在谷地的另一头，他看到了有东西在动。

"在那里！"他悄悄地对埃里克说，而安妮在一块岩石上坐了下来。

"它在动呢。"埃里克看着它轻声说道。

由于那东西在阴影里，所以他们几乎分辨不出它的形状。他们所能看到的就是那东西像一个黑点，朝着他们移动，并且越爬越近。

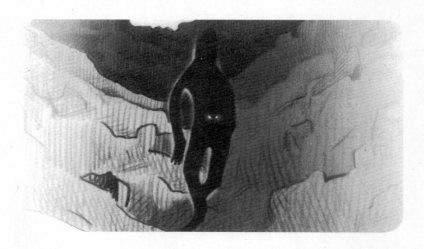

"乔治，"埃里克说，"马上呼叫艾米特！告诉他我们看到外星人了，我要他打开门道，把你和安妮立刻送回地球。"

"艾米特……"乔治拼命地呼叫着。"艾米特……快点来啊，艾

米特……艾米特，我们要求你让我们离开这里。"

那模糊的东西避开了巨蟹星 A 那颗黄矮星的光线，沿着山谷阴暗的一面逐渐接近他们。因为它面朝着他们匍匐而行，他们注意到从它中部的两个针孔里射出红色的光芒，好似一对非常愤怒的眼睛。

"安妮，"埃里克说，"站起来，到我的身后去。现在外星人正在靠近。"

安妮站起来，很快地站到她爸身后，并从那里向周围窥视。那个黑色身影又走近了一点，身子中部闪烁的红光宣示着恶魔般的暴怒。当它走到离他们不太远的地方，他们看到它的形状简直就像一个人，穿一身黑，腹部有一对猩红的眼睛闪着光。

"退回去，"埃里克说，"无论你是什么东西，都不要向我们迈出一步。"

那个东西并不理会，继续向前。它走出阴影，进入亮处。然后开始说话。

"那么，埃里克，"它刺耳的声音经过话语传感器传来，"我们又见面了。"

第十六章

　　"天哪！！！！那是雷帕！"安妮和乔治同时喊道。

　　站在他们面前的，穿黑色太空服，佩戴黑色头盔和护目镜的不是别人，正是埃里克的天罚复仇者格雷厄姆·雷帕博士，他曾为埃里克的朋友同事，后来变为死敌。

　　此前不久，雷帕还在乔治学校里担任老师，埃里克放走了他，他在其他地方开始新生活。即便他曾试图把埃里克丢入黑洞，又偷走了埃里克那令人惊奇的电脑，埃里克还是相信雷帕不该受到惩罚。

　　现在看来，埃里克犯了严重错误。雷帕回来了，穿着黑色的衣服，站在一颗遥远的卫星上——这比乔治和安妮最后一次见他时还可怕千万倍。

　　雷帕并非独自一人，他双手捧着一只好像是小兽的东西，它有一双燃烧着明亮红光的眼睛。它的小爪子在雷帕闪亮的黑太空手套上乱扒着。

　　"啊——看那！"安妮说，"他在这星球上找到了一只可爱的毛茸茸的小宠物！"她迈出半步，但埃里克伸出手臂不让她更靠近。雷帕手中的小动物龇着牙，发出"嘶嘶"的声音。雷帕的一只手轻轻

抚摸着它。

"那里，那里，"他温柔地说，"不要担心，布奇。我们很快就能除掉他们。"

"你永远不能毁掉我们，雷帕。"埃里克轻蔑地说，乔治站在他身后，拼命地通过无线电和艾米特联系。

雷帕懒洋洋地问："这就是那个男孩儿吗？就是上次毁了我所有计划的那个孩子吗？你把他带上，真够仁慈的。那么深思熟虑。还有你的女儿。真迷人。"那头小兽也发出恶意的咆哮。

"雷帕，你可以对我做任何你想做的事，"埃里克说，"但是别碰这两个孩子，让他们走吧。"

"让他们走？"雷帕说，好像在考虑着，"你要说什么，布奇？"他抓挠那个动物的脑袋。"我们应该让孩子离开吗？"布奇发出更大的嘶声。雷帕解释道："问题是你的孩子没处可去。或者说没法去哪里。我知道你试图呼叫你亲爱的好友 Cosmos，让它帮你离开此地，你这么信任 Cosmos 真令人感动，但你最好还是节省一些氧气，因为布奇已经送去非常强大的阻止信号。"

"什么！"埃里克叫起来，"布奇是什么？"

雷帕回答说："亲爱的小布奇，它是我的朋友，很可爱，是吧？它的功能是 Cosmos 的两倍，但体积小得多。事实上，你可以说布奇是纳米版 Cosmos。我把他假扮为一只仓鼠。总之，谁会想到在一只仓鼠笼子里去寻找超级电脑？"

"什么！"埃里克说，"你开发了新版本的 Cosmos？"

雷帕冷笑道："你以为我一直都在干什么？你以为我会忘掉以前发生的一切？或者你以为我会宽恕？"他以特别不愉快的方式说出最后一个词。"只有那些幸运者才会宽恕，埃里克，像你这样的人，那些得到了他们曾想要的东西的人。你容易宽恕，你事业有成，你可爱的家庭和对你很有帮忙的超级电脑。你总是能用你自己的方式得到你要的一切。直到现在，如此这般。"

"雷帕，为什么你把我们带到这里？"埃里克追问雷帕道，"是你留下那些线索的，是不是？"

雷帕叹口气说道："的确是我。你还是花了点时间，才猜出来的。我们早就把信息传给 Cosmos 了。我们开始认为你们不会上钩的。行动这么慢，真不像你。是的，在你提问之前，那正是我和你可爱的小机器人'荷马'号玩游戏的时候。当它降落时，布奇干扰了它，并设法修改了它的程序。我想，即便要花很长时间，你终归会注意到'荷马'号的反常行为。但你却没有。你真外行，埃里克。我原先高估了你。"

乔治向前一步愤怒地说道："埃里克不会受骗！那是我们！我们读了那些信息，跟在你身后。"

"哦，是小崽子感到不安，"雷帕说，"迷你型的埃里克，又一门

徒，真令人讨厌。"

埃里克警告着："后退，乔治，继续努力呼叫 Cosmos。我不信纳米电脑的功能像雷帕所说的那样强大。"

雷帕以刺耳的声音大笑着道："你以为你很聪明，是吧，埃里克？要寻找宇宙中的生命迹象。但你没有我那么聪明，那就是为什么我把你带来此地，最终向你证明。"

"证明什么？"埃里克轻蔑地说，"你现在没证明什么，雷帕。只证明了许久以来我们不让你接近 Cosmos 是对的。"

雷帕反唇相讥道："永远的圣人，一直想用科学知识造福人类。至今你是怎么造福人类的，埃里克？你珍爱的人类不正在毁灭他们居住的这颗美丽的星球吗？为什么不帮那些人一把，更快地达到目标——除掉这个地球和所有的白痴，重新开始？就像这个地方，一颗新的行星。那就是我为何引诱你来这里看看，埃里克。我已经完成了你的使命。我找到了一个生命可能从此开始的地方——一个智慧生命可能在这里茁壮成长的地方。事实上，这里可能已经存在简单生命了。"他举起一只内有液体的透明小玻璃瓶继续说道，"我发现了这个，万应灵药。"

"你不懂，那就是水！"埃里克说，"你不懂，就是那个东西。"

"我当然知道，无论它是什么，我都早于你发现。是我，不是你，埃里克，我发现了新的行星地球。我拥有了它，可以控制接近它，当地球最终爆炸时！我也将主宰全人类。"

宇宙仓鼠的眼睛犹如燃烧的熔炉般发着光。它随着雷帕说话而激动地乱扒着。

埃里克摇着头悲哀地说："雷帕，你这个输家。"

"我不是输家！"雷帕吼道，他十分激动，"我赢了！"

"不，你输了。"埃里克说，"你不喜欢人类，因此认为我们把行星搞糟了，因此你更愿意将你所有的科学知识占为己有，不与他人分享，可能还要对使用它的人收取很多金钱？这就使你成为一个失败者。其实，你隔绝了所有好的、有用的、有趣的、美丽的东西，自我隔绝了人类的一切。看看你的 Cosmos 版本。它令人厌恶，而且我想布奇正在脱毛。"

布奇看起来很愤怒，穿着太空靴的雷帕则狂怒地走来走去。

在埃里克身后，安妮正在用太空手套里的手指为乔治倒计时。她默默地数着：五、四、三、二、一！当她数到一，这两个孩子低头向前猛冲，用他们的圆形太空头盔向雷帕的腹部撞去。

乔治夺过布奇，赶忙跑开，此时安妮对着雷帕的肚子飞快地踢了一下。雷帕突受打击失去平衡而跌倒，躺在地上呻吟着，像是一只翻过身的锹型甲虫。装着液体的玻璃瓶从他手里飞了出去，摔碎在岩石上，清澈的液体四处飞溅。埃里克跑过来，一只脚踏在雷帕的胸上。

"格雷厄姆，"埃里克对雷帕说道，"这不是我们走上科学之路的初衷。我们走进科学领域是因为科学令人着迷，激动人心，是因为我们要在宇宙中探险，找出其中的奥秘。我们要了解、知道、领会，写下人类探索知识的新篇章。我们继承伟大传统的一部分，使用先行者的成果越来越远地穿越我们居住的激动人心的宇宙，弄清楚为何我们会在这里，这一切又是怎么开始的。那就是我们所做的，格雷厄姆。我们经过分享知识而得到启迪，但不应占为己有。我们阐释真理，传播真理，寻求真理，靠分享发现来推动人类前进。我们的目标是在我们生活的任一颗行星上，创造一个更美好的世界而不是一找到一个新世界，就将那个行星占为己有。"

但是雷帕看来并不在乎。他气急败坏地说："把布奇还给我！这是我的。你曾从我这儿偷走了 Cosmos。现在不要再拿走布奇，我离开他会活不成的。"

埃里克说："布奇只是一个工具，犹如 Cosmos。"他并不打算把布奇还给雷帕。

雷帕怒吼着："不行！那太不公平了！你这么说是因为你只有 Cosmos！而且你甚至不需要 Cosmos！你能理解宇宙！我不能！那就是为什么我要 Cosmos，埃里克。你将永远不知道那是怎么回事！你永远是天才——你不知道作为一个平常人是怎样的，像我。"

他开始哭泣。

乔治两只手尽力抓着布奇。"我不知道怎么把它关闭！"他对安妮说。

"你摸摸它的头，"安妮说，"像雷帕刚才那么做的。他的控制板肯定在那里。"

"我不能做！"乔治说，"我会失去它——它正试图逃跑！你来做吧！"

"咦哟！"安妮说，小心地向前迈了一步。她刚伸出手指，布奇就立刻咬了她一口。她迅速抽回手。幸好这只可怕的小兽还未咬透她的太空手套，这样安妮还安全地包在太空服里。她再向前走，一边向布奇挥着一只手；当它看着她的这只手时，她用另一只手摸它的头。她用力揉着……

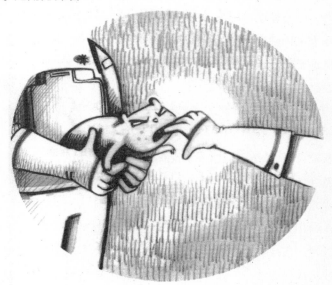

就在一秒之后，他们再次听到艾米特的声音："安妮！乔治！埃里克！我不能通话。"

乔治立刻答道："开放门道入口，快点。我们要返回。"

艾米特听上去很紧张。他说："Cosmos 没有足够的内存，它需要另一台电脑帮助，两台电脑一起才能把你们弄回来。"

"另一台电脑？"乔治说，"我们到哪里去弄另一台电脑？我们现在距离你 41 光年，是在围绕一颗行星公转的卫星上。这里可没有电脑商店。"

就在此时，同一个念头蹦入乔治、安妮和埃里克的脑海中。

"争取布奇的帮助！"

第十七章

雷帕仍然躺在埃里克的靴子之下，那只靴子坚实地把他踏在岩石表面上。

埃里克急促地说："格雷厄姆，我们需要你帮助。你必须用布奇与 Cosmos 连线，如此我们才能打开入口，全都回家去。"

雷帕叫道："把你送回地球？不行！我不会帮助你。我的氧气筒大过你的。你们一用光氧气，我就把布奇拿回来，到时候我可以走了，而你们得永远困在这里。从此以后，我不相信你能再找我任何麻烦。"

尽管她知道没剩多少氧气了，安妮还是勇敢地大声质问他。

"为什么你这么恨所有人？为什么你要毁灭所有的一切？"

"为什么我恨所有人，小姑娘？"雷帕说，"因为所有人都恨我，这就是我恨所有人的理由。自从很多年前，我被造福人类科学社团除名后，对我来说一切——一切——都不对头了。我一直陷

于黑暗和绝望之中，现在，我终于能发号施令了。"

"不，你不可能发号施令。"乔治说。布奇不再扭动，舒适地依偎在他的手中，似乎准备入睡。它的红眼睛不再散发出威胁之光，而转为黯淡的黄色阴影。乔治继续斥责雷帕："你只是伤心和充满仇恨。而且即使你把我们留在这里，我们永远不能回家，也无法给你带来任何快乐。既不会给你带来朋友，也不会使你变得更聪明。你将孤独一人，还有你那只愚蠢的仓鼠。"

布奇不高兴地尖叫着。

"对不起，布奇……"乔治渐渐喜欢上这只小小的毛茸茸的电脑了。"无论如何，你知道如果违反了社团制度，将会发生什么。这在誓约里说得很清楚。"

雷帕神态恍惚地说："啊，是，誓约？那好像是很久很久以前的事情了，我已经忘记那些古怪的废话，那是怎么回事呢……"

安妮想开口，但乔治示意她别作声。"不要说话，安妮，"他说，"节省你的氧气。誓言如下。"他背诵他加入社团时的誓言，那是他第一次遇到埃里克时说的。

"我宣誓，我将用我的科学知识造福人类。

我承诺在寻求智慧时绝不伤害任何人。

在探求我们周围奥秘的伟大知识时，我将勇敢谨慎。

我绝不利用科学知识来谋取私利或将它交与妄想毁灭我们居住其中的奇妙宇宙的人。

如果我违背誓言，宇宙的魅力和奇妙将永不向我展现。"

"你违背了誓言。这就是所有一切都变糟了的原因。"

　　"是这样吗？"雷帕轻声说，"那么是什么使我违背誓言的？你可曾问过你们自己这个问题呢？既然我知道我一定会输，那我为什么还这么做？"

　　安妮小声说："我不知道。"

　　"那么为何不问问你父亲？"雷帕说道。这时，埃里克从雷帕的身上移开自己的脚，脸转向安妮。雷帕则跪了起来。

　　"爸？"安妮问道，"究竟是怎么回事？"

　　埃里克低语道："那是很久以前的事了，当时我们都很年轻。"

　　"到底发生了什么事情？"安妮低语道，她开始感到有点头晕。

　　"为什么你不告诉她？"雷帕说，现在他站起来了，"或者我来说？如果不把这故事说完，没人可以离开这里。"

　　"格雷厄姆和我，"埃里克缓慢地说道，"曾经是同学。当时我们

的导师还活着，他是最棒的宇宙学家。他要弄清楚宇宙的起源。格雷厄姆，我和他一起开发了第一台 Cosmos。和今天的 Cosmos 大不相同。那时候的 Cosmos 巨大无比——占据了大学一座大楼的整个地下室。"

"继续说，"雷帕命令着，"否则大家都永远别想回家。"

"我们这些使用 Cosmos 的人还有一起工作的人组成了最早的科学社团分支。我们意识到自己手中掌握着多么强有力的工具——我们需要谨慎。雷帕宣过誓，最初我们一起工作。但后来雷帕的行径开始古怪起来。"

"我没有！"雷帕生气地说，"那不是事实！你不许我单独一人工作。我到哪里你都跟着，总是试图看我写的东西，因此你可以复制，然后算成你的。你要把我的研究成果作为你自己的发表，抢走所有的荣誉。"

"不是，雷帕，"埃里克说，"不是那么回事。我要和你一起工作，但你不让。我们知道你对其他人藏起自己的研究，我们看到你变得诡秘。所以导师要我注意你。"

"哦，"雷帕惊讶地说，"我不知道有这么回事。"

"那就是为什么在那天晚上我跟着你——你在那天晚上独自一人去用 Cosmos。那时我们规定一个人不能独自操作 Cosmos。但是雷帕这么做了。他在晚上独自一人进入地下室，也就是那个时候被我抓住了。"

"他试图做什么？"乔治问。

埃里克回答道："他试图使用 Cosmos 观看大爆炸本身。那太危险了。我们不知道观看那类爆炸——即便通过 Cosmos，即使从门

道入口的另一端——究竟会有多危险。我们也曾讨论过想做这件事，但我们的导师坚决不同意；在我们对早期宇宙以及 Cosmos 没有了解得更清楚之前，我们不能用 Cosmos 来研究大爆炸。"

"傻瓜！"雷帕轻声道，"你们都是傻瓜！我们本来可以发现一切知识的基础，本来可以看到是什么东西创生了宇宙！但是你们太胆小了。我不得不独自秘密地尝试。那是唯一的办法。我必须知道在一切开始之前究竟发生了什么。"

"这风险太大了，"埃里克说，"记住，我们曾宣过誓，在寻求智慧时不能伤害任何人。但是我想你力图去做的是目睹时间本身的最初几秒。当我跟随你的那个晚上……"

第十八章

　　埃里克和格雷厄姆就学的地方是一个古老的大学城。那是一个晴朗而寒冷的夜晚，风夹着寒气和雾气透过最厚的衣服。他们住在同一所学院，在房间里俯视着同一庭院，院中古老的石板经过数个世纪的践踏已被磨损了。庭院很宁静，天鹅绒般的天空下，明亮的月光将完美的绿草地变为靛蓝色。当埃里克穿过前门时，钟楼上的时钟敲了 11 下。前门建造得十分坚固，穿过它犹如进入城堡，而非学府。

　　埃里克走入前门时，戴着圆顶硬礼帽的守门人对他打招呼："晚上好！贝利斯博士。"埃里克笑着停在那里，翻检着自己信箱格中的邮件。他见守门人总是看着他，便微笑着抬起头致意。"贝利斯博士，有一段时间，你没来吃晚饭了。"守门人挑着话说道。在这所令人景仰的学院里，研究员每晚有权到餐厅用贵重的银餐具进晚餐，餐厅里镶着橡树隔音板，高桌上摆着银质餐具，四周挂着过去几个世纪学者的肖像。"一直都忙。"埃里克说，他把邮件塞入老旧的文件箱，又把脖子上的围巾系紧一些。学院里总是很冷，有时甚至比外面的街道更冷，因此冬天埃里克很少取下围巾。他住的房间也很冷，因此他睡觉时，甚至要在睡衣外再套上粗花呢夹克衫，穿两双

216

袜子，还要戴毛帽子。

"近来我也没怎么看到雷帕博士。"守门人说，并看了埃里克一眼，这使埃里克想起看门人已经知道、看到、听到了什么。最近他不大来学院的原因之一是不能落后于雷帕，而后者显然想尽力摆脱他。

"今晚雷帕博士来了吗？"他随意地问。

守门人沉闷地回答："他来了，挺古怪的是，他看来很想让你知道他来了。发生什么事情了吗？贝利斯博士。"

埃里克拿下眼镜，揉揉眼睛。他很累了，他要做自己的研究，还要跟踪雷帕，精力几乎耗尽了。

"没什么。"他坚定地说道。

守门人似有所指地说："你知道，我们以前都了解，你们起初是好朋友，但后来相互竞争。这样下去，结局决不会好。"

埃里克叹了一口气说："谢谢你的忠告。"随后，他走过主庭院，慢慢地步上木质楼梯，进到自己房间。房间里很冷，他打开电热炉，走到窗户边上。

埃里克看到庭院另一端雷帕办公室的灯还亮着。他怀疑自己今晚是否能一直睡到天亮，也许会因担心雷帕躲开他离开学院而不时醒来。他拉上窗帘，坐到扶手椅上，埃里克才坐下几分钟灯泡就坏了，房间里一片黑暗。于是，他想自己是否去那零下低温的洗手间刷牙。他站起来，本能地透过窗帘裂缝看过去，就在那一刻，他看

到一个暗影溜过庭院，在月光下投下长长的影子。

埃里克此时已顾不上疲乏，披上一件粗呢外套，迅速离开房间，骑上自行车，小心地跟随着雷帕，好似大学时代的夜逃。

埃里克并不需要紧紧地跟随，他知道雷帕要去哪里，但埃里克要防止雷帕造成太大的毁坏。在浓雾中，又是在结冰的路上，骑车太危险了，埃里克握紧自行车车把，缓慢地行进着。当他到达大学保存 Cosmos 的那栋楼时，他裸露的手指由于寒冷已经冻成蓝色，麻木得几乎不能活动。他向手哈着气，摸索出钥匙开了门。

"你发现了什么？"乔治急于想知道雷帕到底做了什么，忍不住打断了故事。

雷帕愤愤地说："就在我即将做出人类知识史上最伟大的发现之际，他发现我了，而且他毁掉了一个伟大的发现！后来还责备我。"

埃里克的怀疑是正确的。当他跑下通往保存 Cosmos 的地下室的楼梯，他发现雷帕正打算用电脑观看大爆炸。门道入口已经在那里了，但门还关着。

埃里克说："我必须制止他，宇宙之初的条件是那么极端——热到连氢都不能形成！是非常危险的。我不知道门后面是什么样子，但我必须阻止开门。"

"但是你不想看看吗？"乔治兴奋地问，"你不能看一眼吗？离它很远很远呢！"

埃里克回答说："不可能从远处看大爆炸，因为大爆炸处处发生。他原本可以利用大红移来看它嘛。"

"红移！"乔治惊叫道，"就像在你的聚会上所展示的？"

埃里克解释道："正是！紧接着大爆炸发射出的辐射会旅行到我们地球这里，这些辐射旅行得越久，会变得越红，越弱。"

"那就是我试图做的啊！"雷帕喊了起来，"如果你费心问我，而不是穿门而入，冲过来把我扭倒在地，我会告诉你的。"

"啊！"埃里克长长地叫了一声。事实上，埃里克并未给雷帕机会解释他正在做什么。他只是跑进保存 Cosmos 的房间，冲向雷帕，当时雷帕正站在靠近门道入口的地方。在后来的扭打中，埃里克用双手猛击 Cosmos 的键盘，希望能关闭门道入口。但是雷帕摆脱了埃里克，冲向门道，猛拉门，不料埃里克向 Cosmos 盲目输入

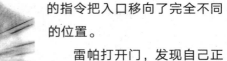

的指令把入口移向了完全不同的位置。

雷帕打开门，发现自己正直视着太阳。他立刻用双手蒙住双眼，但双手却被严重地灼伤了。他哭泣呻吟着，埃里克让 Cosmos 关上门，他也只好退回来了。

埃里克试图救助雷帕，但他独自蹒跚而去，消失在黑夜中。看来，雷帕当晚就离开了大学城，埃里克已别无选择，只好把情况告诉他们的导师，于是永远将雷帕逐出了科学社团。

雷帕恨恨地说："你毁了我。你，埃里克，拿走了一切，什么都未给我留下。当你抓到我偷偷使用 Cosmos，我感到非常难堪。那天晚上，我疼得要命，以致都不知道我正在做什么，步履蹒跚，后来又狂跑——尽量快跑。当我在医院里清醒过来，看到这种情形，几乎要崩溃了，我因为太阳的灼伤而半盲了，双手烧伤得很严重。最初我甚至不记得我是谁。过了一阵，记忆才开始恢复。我坚持离开医院，回到学校为我的行为道歉。但当我回到学校，你们已经把我除名了，我没机会申辩。你们要使我永远不能再走进学院的门了。"

"我试图保护你不受侵害。"埃里克愤怒地说。

"防备谁的侵害？"雷帕也愤怒地说。

"防备你自己对自己的侵害！"

安妮在一旁劝解道："但是并未见效，不是吗？我的意思是，爸爸，你必须承认，尽管他不该擅用 Cosmos——我们也不容许你这么做。雷帕博士，也许你自以为是特殊的——你确实让他出了个糟糕的事故，而且，你也没给他第二次机会，永远中断了他的科学生涯。"

埃里克说："那是他自作自受！他本来就知道规定。"

安妮低声对爸爸说："呃，你的错误还有一点。我的意思是，雷帕并没有看到大爆炸，不是吗？毕竟，他实际上是试图按照你提出的那种方法去观察，但你却并没有费心把方法搞正确！正是因为你变动了入口的位置而使事情变得如此危险。因此至少你是有错的。"

"我有错？"埃里克吃惊地说。

安妮说："是呀。可是一个巨大的错误，如果你当初对他道歉了，我们现在也就不会陷入困境了。"

"道歉？"埃里克怀疑地说，"你要我向他道歉？"

安妮尽力肯定地说："是的，我是要你道歉。雷帕也要道歉，是吧？只有大家相互谅解，一切才会变得好些，或许我们才可能回到地球上。"

埃里克对自己咕哝着什么。

"我们没听到。"乔治说。

埃里克不高兴地说："好，好，雷帕——我的意思是，格雷厄姆，我……我……"

"说呀，"安妮逼迫道，"好好地说。"

"我道……"埃里克咬紧牙关说，"我道……"他的口好像被什么话困住了。

"你说什么？确切地说？"雷帕问道。

"对——不——起。"埃里克说。

乔治轻声抱怨着："埃里克，快点！安妮需要离开这里！"

"格雷厄姆，"埃里克果断地说，"格雷厄姆，对不起，对于你的遭遇，为我所应负责的部分，我向你道歉。我为把你逐出科学社团却未给你申辩的机会，向你道歉。我为自己的草率行为道歉。"

"我知道了，"雷帕说，"你道歉了。"他似乎有些困惑，不知道自己下一步该怎样办。

埃里克爽快地接着说："是的，我道歉！你曾是我最好的朋友，我最好的同事。作为科学家，我们原来多好啊，我们本可以做很棒的工作，只要你不固执地试图不顾他人去抓取一切研究成果就好了。考虑了没有，格雷厄姆，那晚你不是唯一受到伤害的人。我失去了你——至少，我失去之前的那个友好的你一次。而且我也一直为那个可怕的夜晚所发生的感到内疚。不仅是你一个人在受苦。还是中止这恶作剧的行为吧，让我们所有人离开这里，在我们还能呼吸时回家。"

"我也失去了曾为朋友的你，"雷帕悲伤地说，"我失去了科学生命。唯一使我生命得到力量的就是恨你，寻求报复。但是现在，如果你不是我的敌人，我什么都没有了。"

乔治对雷帕说："那真傻。埃里克道歉了，说了他对不起你。你不觉得也该对他说些什么吗？"

"好吧，"雷帕平静地说，"鉴于这种情形，埃里克·贝利斯，我接受你的道歉。"他微微鞠了个躬。

安妮小声对雷帕说："该你啦！"

"什么？"雷帕大声说。

"该你说对不起了，事情就是这样的。爸爸已道歉了，现在你也得道歉。"

"为什么道歉？"听起来他是真的不理解。

"哦，我也不知道……"乔治有点挖苦地说，"为了你偷走Cosmos，为了你把埃里克抛入黑洞，为了你迫使我们在宇宙中奔忙，因为你说，如果我们不那样做的话，你将要炸毁地球。我不知道吗？——你就挑出你最喜爱的东西，为之道歉吧！"

埃里克低沉地吼道："快点吧，格雷厄姆。"

"不需再多说了，"雷帕急速地说，"我道歉。我但愿自己成为一个好一点的人，但愿自己没有浪费所有的时间。但愿自己能重返科学领域——真正的科学领域……"他的话讲完了，语气充满惆怅和赎罪的愿望。

"听着，格雷厄姆，"埃里克急促地说，"你想回到科学领域，好！你要让我相信你是一个好人，那也好。但要立即行动，请你在氧气用完之前，把我女儿和乔治成功地送回地球。如果不幸的事情发生，那么我肯定永远不能宽恕你，无论你在宇宙什么地方，我都会找到你。"

雷帕说："你的话当真？我能再回到科学研究领域？"

埃里克说："首先让我们回到地球，到时我们再谈吧。"

雷帕说："乔治，你需要再抚摸布奇的头。你已经让它睡着了，现在需要唤醒它。"乔治战战兢兢地抚摸着布奇的头顶，那仓鼠激动起来。"布奇，"雷帕继续说，"你要连接一台地球上的电脑，就是我让你屏蔽的那台。它将和你一起建立一个门道，门道就能使我们都回到地球上去。"

在乔治呼叫艾米特的时候，仓鼠已完全清醒了。

乔治说："艾米特，奶奶，请准备好入口。我们又找到了一台超级电脑。现在需要 Cosmos 和这台超级电脑一起工作，建立一个足够大的门道，使我们所有人都能够通过入口返回地球。"

艾米特吃惊地问道："你们又找到了一台超级电脑？在哪里？你们那边究竟怎么回事？"

乔治说："正是！在地球上。这就是我们宇宙寻宝的最后一条线索。它将把我们带回我们出发之处。准备好——我们要回家了。结束。"

布奇坐直了，两束光从它眼里射出，描画出一个入口，与 Cosmos 以前的做法完全一样。当他们在等待仓鼠建造能让他们穿越宇宙的入口时，乔治问了最后一个问题：

"雷帕，在 Cosmos 信息的结尾——你说如果我们不遵照那些指令，你将毁灭地球。你真是那个意思？你真能毁掉整个行星？"

"别那么搞笑了！"埃里克说，他尽可能靠近散发微光的入口门

道旁，抱住安妮准备着，门一旦打开，就能推她进入。"格雷厄姆毁灭不了地球。那需要无法想象的爆炸力。他只是放空炮。你不能吧，格雷厄姆？"

格雷厄姆胡乱地拨弄着太空手套。

埃里克追问道："你不能吧？"

雷帕说："真有可能发生这种事情，那倒是件怪事。但确实不是我的错。我也只不过是在旅行中听到的……"

就在此刻，布奇的眼睛大放光明，它打开了入口门道，于是，他们重新回到了清洁间，回到了全球空间部，回到了美国，回到了行星地球。

然而此时布奇的眼睛不再是黄色的大理石，而是镶有蓝色、绿色、白色斑点图案的大理石。它的眼中反射出宇宙中最美丽的行星——那颗行星既不太热也不太冷，在它的表面上有液态水，有正适合人类的引力，而大气层供人类自由呼吸;那里有高山、沙漠、海洋、海岛和森林，有树、鸟、植物、动物和昆虫，还有人——很多

很多的人。

哪里有生命。

那里就可能有智慧生命。

尾声

　　"长寿健旺！"艾米特一边说，一边钻进了他爸爸的汽车，并作出瓦尔坎人[1]的敬礼。艾米特的假期生活结束了，他爸爸是来接他回家的。他爸爸完全是他的翻版——只是高一点而已。他——咧嘴笑着，一只手把着方向盘，也向儿子致以瓦尔坎人的敬礼。

　　安妮和她爸爸妈妈，乔治和奶奶都站在外边的门廊上向他们挥手道别。

　　"明年夏天见。"乔治喊道，并回礼。

1　瓦尔坎人是《星际迷航》中，人类遇到的第一个外星人种族。——编者注

"艾米特，你真了不起！"安妮挥着手说，"别忘了我们！"

"你们已经很坚固地安装在我的记忆库里了，"艾米特边系安全带边说，"永远！而且是最美好的。我会想念你们的。"他吸着鼻子说："爸爸，我交了一些朋友。"但他又忧郁地说道："现在我又将失去他们了。"

安妮叫道："不会的！我会一直用电邮折磨你！乔治也会这样。"

"你的朋友可以来访，有时还可住在我们家，艾米特？"艾米特的爸爸说，"你知道我和你妈妈对你的朋友到家来是多么高兴啊！"

艾米特渴望地说："或者我可以去英国！安妮也去，我们去看乔治，我还能查查那里大学的课程，那边开的一些课是很酷的。"

埃里克走近车窗对艾米特说道："做得好，艾米特，你使我们逃过了今天一劫。"

"怎么了？"他爸爸问，"你们怎么了？"

艾米特说："我们在做游戏。"

"你赢了吗？"爸爸问道。

"无人真输真赢，"艾米特试图向爸爸解释，"我们只是又升了一级。"

爸爸发动了汽车。"谢谢你，埃里克，"他说，"虽然我不知道你教了我儿子什么，但看起来，他有了一点'魔法'。"

"不是'魔法'，爸爸，"艾米特说，语气有点不高兴，"那是科学！

230

还有我的朋友，两者合在一起了。"

梅布尔挥了挥她的拐杖并鞠躬道："在未知世界的前沿（《星际迷航》的专用语）见，艾米特。"

车子开走了，每个人都转头再回到房间里。此时，埃里克的呼机响起，他收到来自火星科学实验室的消息。他读着那条消息，笑了，他从未这么大笑过。

"是'荷马'号！"他说，"又正常工作了！而且在火星上找到了水的可见证据，我们想不久它就会送来化学证据。"

乔治问："那意味着什么？"

"那意味着，"埃里克肯定地说，"我们再来一次聚会。"

乔治问："你会邀请雷帕吗？我打赌，他已经多年没参加过这样的聚会了。"

他们使用 Cosmos 和雷帕的特种纳米电脑布奇从巨蟹 55 系统归来后，埃里克和雷帕坐在凉台上，谈了很久。乔治、艾米特和安妮试图从树上听他们说什么，但没听到这两位曾为同事的人说了些什么。然而，他们意识到谈话友好结束。雷帕过来和他们道别时，向他们微笑。埃里克为他在一个学术机构找了一个职位，雷帕能够重新开始研究工作了。埃里克说"那是一个安静的好地方"。雷帕在那里可以补上以前中断的研究，再度进行真正的科学探索。

埃里克帮助雷帕的条件是布奇将留给埃里克使用。埃里克将负责对 Cosmos 和布奇大系统的彻底检测，看看能否将这两台机器连在一起使用。目前，Cosmos 和布奇还是分离工作的，而埃里克要试着看怎样使其连接，因此未来一段时间内，不会有机会作更进一步的宇宙探险了。

然而埃里克并不是唯一收到来自他处生命信息的人。电话铃响起，苏珊拿起话筒，又把听筒交给乔治。那是乔治的妈妈和爸爸从南太平洋打来的。

人造卫星看到了乔治的爸爸，他被派去的搜救人员救起，安全返回了大船，和乔治的妈妈再度会合。

话筒中传来了妈妈模糊而断续的声音："乔治，我们都安全，很快就会见到你和奶奶了——我们经过佛罗里达回去，那么"——她停顿了一下，好像对自己是否要再说下去感到犹豫，但是后来又急促地说了下去——"我们有些令人激动的消息要告诉你！本来打算见到你再说，但我已忍不住了。你将会有个小弟弟或小妹妹！那不是很棒吗？这意味着你将不再孤单一人了，你高兴吗？"

乔治有些惊喜。他们一直在宇宙寻找生命的迹象，结果却在自己家里即将诞生一个崭新的生命。

"我们两天内见！"妈妈说。

"哇！"乔治放下电话对其他人说，"我妈妈将有个小宝宝了。"

"啊，太美了。"安妮笑着说。

"嗯。"乔治说，思忖着如果是她爸爸妈妈将有小宝宝，她会如何反应。

"不，很酷！"安妮说，她已经看懂他的表情了，"又有一个人参加我们的探险了！"

"你不要想得太美了，"安妮的爸爸肯定地说，"太空不许上婴

儿，安妮，这是规定。确实，不许让孩子再去太空了。"

"但是，爸爸，"安妮抱怨着，"那我们干什么呢？我们会真感到乏味呀。"

"你回到学校去，安妮·贝利斯，"她爸爸吩咐道，"因此你不会有时间感到乏味的。"

"呃！"安妮做鬼脸，"难道我不能去和乔治待在一起吗？"

"这个，"埃里克说，"你提起这，有点滑稽。我正在想带你回英国去。现在'荷马'号正常工作了，它在火星上找到水了，对我而言，我可能有时间参与另一个在欧洲进行的大实验了——在瑞士。我们回到英国的那所房子去，从那里我可以方便地参与工作。"

"哇！"安妮和乔治都感到庆幸。他们不会再分开了。

所有的人都漫步走上阳台，想着他们现在该做些什么，所有的挑战都已结束，艾米特已经离去。

乔治从花园的桌上拿起《宇宙用户指南》，若有所思地说："埃里克，我一直打算问你一些事，但一直没找到时间。"

　　"问吧。"埃里克说。

　　乔治压低声音说："当我们在那里时，雷帕说了什么。他说你懂得宇宙，是真的吗？"

　　"这个啊，是，是的，"埃里克谦虚地说，"我懂。"

　　"你是怎么弄懂的？"乔治问道，"宇宙中的这一切是怎么发生的？"

　　埃里克笑着说："乔治，看书中最后一页，从那里你能找到答案。"

宇宙用户指南

怎样理解宇宙

宇宙是被科学定律制约的。这些定律决定了宇宙如何开始，以及它如何发展。科学的目标是为了发现这些定律，并找出它们的含义。因为理解宇宙和存在于其中的一切非常珍贵，科学就是所有珍宝寻找中最激动人心的。我们还未找到所有的定律，因此寻找还将继续，但我们已经很好地了解了除却极端情况之外，它们在一切情况下应是如何。

最重要的定律是用来描述这些力的。

现今我们发现了 4 种力：

电磁力

这种力把原子束缚在一起，并制约光波和射电波，以及诸如电脑和电视等电子装置。

弱力

这种力引起放射性，在引燃太阳，形成恒星和早期宇宙中的元素中起到极其重要的作用。

强力

这种力把原子的中心核的粒子束缚在一起，并且为核武器和太阳提供能量。

宇宙用户指南

这种力是 4 种力中最弱的，引力把我们束缚在地球上，把地球和行星束缚在围绕太阳的轨道上，把太阳束缚在围绕星系中心的轨道上，等等。

我们拥有了描述这些力的定律，但科学家相信，打开宇宙的神秘之门，只有一把钥匙，而不是 4 把。我们认为，这种把力分成 4 种是人为的方法，我们也许能够把描述那些力的定律结合成为一个单独的理论。迄今我们已经能把电磁力和弱力设法结合在一起了。把这两种力和强力结合在一起应该也是可能的。因为引力弯曲了时间和空间，因此把 3 种力和引力结合在一起则困难得多。

尽管如此，我们仍然有了所有这些力的坚实的准统一理论，这个准统一理论应该是理解宇宙的钥匙。它被称为 M 理论。我们还没有完全弄清楚 M 理论是怎么回事。这就是一些人称 M 代表"神秘"的原因。如果我们搞清楚了这个理论，我们就能够理解从大爆炸直到非常遥远的将来的宇宙。

埃里克

专业知识索引

本书涉及很多学科，但是还设置了若干额外部分，为解释一些专业术语提供事实和资讯。有些读者也许特别希望参考这些部分。

致谢

我们因本书诚挚地感谢如下人士：

Jane and Jonathan，没有他们的善意和支持，这本书将不会存在。

William，他为他妈妈以及祖父而写的另一本书的快乐和幽默。

Garry Parsons，他的插图如此完美地使故事主线，探险以及人物更加栩栩如生。

Geoff Marcy，他在剑桥天文所所做的令人称奇的演讲惠予本书主体以灵感。

通过《宇宙用户指南》，年轻的读者能读到杰出科学家的科学论文。那些科学家是 Bernard Carr，Seth Shostak，Brandon Carter，Martin Rees 和 Geoff Marcy。他们的专业知识和对本书的热忱，使我写作更加愉快。

剑桥大学的 Stuart Rankin 为本书写的有关光和声的传播的片段充满才气。

NASA 的朋友以及 NASA 所有各部门的人士花费时间精力，为我们耐心讲解他们的研究工作。我们尤其感谢 Michael Griffin，

Michael O'Brien，Michael Curie 和 Bob Jacobs。

加州喷气推进实验室的 Kimberly Lievense 和 Marc Rayman，感谢他们以机器人太空飞行奇迹给予的帮助。感谢加州理工学院的 Kip Thorne 和 Leonard Mlodinow 的建议和友谊。

感谢进行空间探险的 Richard Garriott 和 Peter Diamandis 为我们花费的精力和给予的热情帮助，Richard 把我们以及我们的第一部乔治的书纳入真实的空间探险！多亏他，《乔治的宇宙 秘密钥匙》现在已经访问了国际空间站。

Markus Poessel，他对细节的注意和有助的评论。

剑桥天文研究所的 George Becker 和 Daniel Stark 富有价值的评论。

Sam Blackburn 和 Tom Kendall 耐心地解答了我们提出的非常古怪离奇的科学，工程和计算问题。

英国 Janklow 和 Nesbit 公司的 Tif Loehnis 和所有人员，他们给予乔治系列书善意和勤奋的帮助。

纽约办事处的 Eric Simonoff 把"乔治"再次送到美国。

兰登书屋，我们很棒的编辑 Sue Cook，她花费了大量的工作将《乔治的宇宙 寻宝记》编纂成如此精美的图书。Lauren Buckland，在文字和图像方面做了很棒的工作。Sophie Nelson 仔细地校对。还有 James Fraser，设计了这么漂亮的封面。Maeve Banham 以及她在版权部的团队，保证乔治的宇宙系列进入国际市场。特别感谢 Annie Eaton 对本书的热诚贡献。

Keso Kendall，她提供了少年版超级电脑语言。

团队的所有成员——在剑桥大学的和不在剑桥大学的，他们对乔治一书表现的耐心和慷慨。

　　最后，但是最重要的，我们将要感谢我们年轻的读者——Melissa Ball，Poppy 和 Oscar Wallington，Anthony Redford，Joanna Fox，他们对《乔治的宇宙 寻宝记》一书深思熟虑的反馈和很有助益的评论。我们愿意感谢所有提问的孩子。他们写信，发送电邮，听演讲，在会议结束时，勇敢地站起来提问。我们希望此处能给你们一些答案。我们希望你们永远不停止问"为什么？"

露西·霍金和史蒂芬·霍金

图书在版编目（CIP）数据

乔治的宇宙．寻宝记／（英）露西·霍金，（英）史蒂
芬·霍金著；杜欣欣译．—长沙：湖南科学技术出版社，
2019.5（2024.11重印）
ISBN 978-7-5710-0185-8

Ⅰ.①乔…　Ⅱ.①露…②史…③杜…　Ⅲ.①宇宙 –
普及读物 Ⅳ.① P159-49

中国版本图书馆 CIP 数据核字（2019）第 085915 号

George's Cosmic Treasure Hunt
Copyright© Lucy Hawking, 2009
Illustrations by Garry Parsons
Inside page design by Clair Lansley
Illustrations /Diagrams copyright © Random
House Children's Books, 2009
All Rights Reserved
湖南科学技术出版社获得本书中文简体版中国大陆独
家出版发行权
著作权合同登记号：18-2013-280

QIAOZHI DE YUZHOU XUNBAOJI

乔治的宇宙 寻宝记

作者
[英]露西·霍金
[英]史蒂芬·霍金
插图
[英]加里·帕森斯
译者
杜欣欣
出版人
潘晓山
责任编辑
孙桂均　李媛　李蓓　杨波
装帧设计
邵年，XYZ Lab
出版发行
湖南科学技术出版社
社址
长沙市芙蓉中路一段 416 号泊富国际金融中心
www.hnstp.com
湖南科学技术出版社
天猫旗舰店网址：
http://hnkjcbs.tmall.com
印刷
湖南省汇昌印务有限公司
（印装质量问题请直接与本厂联系）
厂址
长沙市望城区丁字湾街道兴城社区
版次
2019 年 5 月第 1 版
印次
2024 年 11 月第 4 次印刷
开本
880mm×1230mm 1/32
印张
8
字数
184 千字
书号
ISBN 978-7-5710-0185-8
定价
48.00 元